U0317082

LUSHENG JIZHUI DONGWU YEWAI SHIXI
XIAOKETI YANJIU ZHIDAO

陆生脊椎动物
野外实习小课题
研究指导

张淑萍／著

中央民族大学出版社
China Minzu University Press

图书在版编目（CIP）数据

陆生脊椎动物野外实习小课题研究指导/张淑萍著. —北京：中央民族大学出版社，2017.11

ISBN 978 - 7 - 5660 - 1446 - 7

Ⅰ. ①陆… Ⅱ. ①张… Ⅲ. ①陆栖—脊椎动物门—教育实习—高等学校—教学参考资料 Ⅳ. ①Q959.3 - 45

中国版本图书馆 CIP 数据核字（2017）第 262742 号

陆生脊椎动物野外实习小课题研究指导

作　　者　张淑萍
责任编辑　黄修义
责任校对　赵　静
封面设计　舒刚卫
出 版 者　中央民族大学出版社
　　　　　北京市海淀区中关村南大街 27 号　邮编：100081
　　　　　电话：68472815（发行部）　传真：68932751（发行部）
　　　　　　　68932218（总编室）　　　　68932447（办公室）
发 行 者　全国各地新华书店
印 刷 厂　北京宏伟双华印刷有限公司
开　　本　880×1230（毫米）　1/32　印张：2.75
字　　数　80 千字
版　　次　2017 年 11 月第 1 版　2017 年 11 月第 1 次印刷
书　　号　ISBN 978 - 7 - 5660 - 1446 - 7
定　　价　20.00 元

目　录

1　野外实习小课题研究的意义 ………………………………（1）
2　脊椎动物生态学的基本概念 …………………………………（3）
　2.1　种群 ………………………………………………………（3）
　2.2　群落 ………………………………………………………（3）
　2.3　捕食 ………………………………………………………（4）
　2.4　种间竞争 …………………………………………………（4）
　2.5　觅食行为 …………………………………………………（5）
　2.6　栖息地选择 ………………………………………………（5）
　2.7　双亲行为 …………………………………………………（5）
　2.8　领域行为 …………………………………………………（6）
　2.9　社会等级 …………………………………………………（6）
　2.10　利他行为 ………………………………………………（7）
3　爬行动物野外研究方法 ……………………………………（8）
　3.1　爬行动物的活动规律 ……………………………………（8）
　3.2　爬行动物的食性 …………………………………………（9）
　3.3　爬行动物的繁殖 …………………………………………（10）
　3.4　爬行类的数量统计 ………………………………………（12）
4　鸟类野外研究方法 …………………………………………（14）
　4.1　鸟类的生活习性 …………………………………………（14）
　4.2　鸟类的种群数量统计 ……………………………………（18）

4.3　鸟类的食性 ·· (22)

4.4　鸟类的繁殖 ·· (24)

5　哺乳动物野外研究方法 ·························· (31)

5.1　哺乳动物的食性 ·· (31)

5.2　哺乳动物的繁殖 ·· (35)

5.3　哺乳动物的数量统计 ·································· (39)

6　野外实习课题研究常用数据统计方法 ········ (42)

6.1　数据差异性检验 ·· (42)

6.2　变量间的相关性分析 ·································· (51)

7　野外实习论文写作指导 ························ (56)

7.1　野外实习论文特点 ···································· (56)

7.2　野外实习论文写作的目的和意义 ··············· (57)

7.3　野外实习论文写作的一般步骤 ·················· (58)

7.4　实习论文的选题 ·· (59)

7.5　文献综述的撰写 ·· (62)

7.6　野外实习论文的基本组成 ························· (68)

7.7　撰写野外实习论文的过程 ························· (69)

附录

北红尾鸲和大山雀育雏频率的比较研究 ············· (76)

参考文献 ·· (79)

1 野外实习小课题研究的意义

研究性学习是在教师的指导下，学习者在已有知识基础和认知水平上，以类似科学研究的方法，通过主动、积极的探索和亲身体验以获得知识、提高解决问题能力的一种学习活动。通常是以问题为载体、以主动探究为特征的学习活动，是学生在教师的指导下，在学习和社会生活中自主发现问题、探究问题、获得结论的过程。在研究过程中不仅可以发挥学习者的各种潜能，同时学习者的创造性思维、创造能力也得到开发。生物学野外实习是实践研究性学习的良好时机。野外实习的进行不仅能够巩固课堂所学知识，而且在锻炼同学们的观察能力、发现问题和解决问题的能力方面具有重要的作用。在实习过程中，同学们实践了发现问题、探究问题、解决问题的研究过程。通过野外研究，团队成员间进行充分的专业知识交流和分工合作，在解决问题的同时，更可体会到实习的乐趣。研究性野外实习在激发求知热情，培养研究能力和团队合作精神方面具有重要意义。

科学研究的基本过程应包括发现问题、提出假设、实验验证假设及给出结论几个环节。野外实习的课题研究时间虽然短暂，但必须遵循研究的基本规律。在山地脊椎动物实习中，脊椎动物的生态学特征是课题研究的主要方面，包括动物的种群数量、动物的行为、动物群落组成以及环境因子对动物的影响。在进入实习基地后，同学们可在实习教师的指导下，根据个人对实习地脊椎动物情况的观察提出研究选题。关于山地脊椎动物研究课题的选择还应遵循以下原则：第一，选题应具有科学研究价值；第二，选题的工作量适中；第三，选题应易于操作。

山地脊椎动物主要包括爬行动物、鸟类和哺乳动物。可根据当地实际情况任选一个类群展开研究课题。以鸟类为例，可对某些物种的种群数量进行统计，比较不同林型中鸟类种群数量的差异，探究不同鸟类物种的栖息地选择行为；可对不同鸟类物种的繁殖行为进行观察，通过比较种间繁殖行为差异，分析不同行为的生态适应性；还可对鸟类的领域行为进行观察，研究鸟类领域的大小、功能以及占有领域的行为特征。总之，在已有理论知识的基础上，同学们可通过对实习环境的认真观察发现感兴趣的研究问题，在此基础上进行合理的实验设计，通过耐心的野外数据收集，并进行数据整理，同学们一定会在感兴趣的问题上得到满意的答案。

2 脊椎动物生态学的基本概念

2.1 种群

种群（population）指在一定时间内占据一定空间的同种生物的所有个体。种群中的个体并不是机械地集合在一起，而是彼此可以交配，并通过繁殖将各自的基因传给后代。种群是进化的基本单位，同一种群的所有生物共用一个基因库。对种群的研究主要涉及其数量变化与种内关系。密度制约理论认为种群的数量受到种群本身密度的制约，随着种群数量的增长，种群内个体的资源获得量下降，最终可通过降低个体繁殖力以及存活力而实现种群数量调节。野外实习研究中可观察动物的繁殖力特征，如鸟类的窝卵数与幼鸟孵化率。

2.2 群落

群落（community）亦称生物群落（biological community）。生物群落是指具有直接或间接关系的多种生物种群有规律的组合，具有复杂的种间关系。我们把在一定生活环境中的所有生物种群的总和叫作生物群落，简称群落。组成群落的各种生物种群不是任意地拼凑在一起，而是有规律地组合在一起，只有这样才能形成一个稳定的群落。野外实习研究中可观察不同生境中脊椎动物群落组成的差异，研究动物群落的结构特征。

2.3 捕食

狭义指某种动物捕捉另一种动物而杀食之。广义是指某种生物吃另一种生物，如草食动物吃草；同种个体间的互食、食虫植物吃动物等也都包括在内。捕食时被食者的种群变化对捕食者有很大的影响。野外实习研究中可观察动物的食物组成，分析其适应性。

2.4 种间竞争

种间竞争是不同种群之间为争夺生活空间、资源、食物等而产生的一种直接或间接抑制对方的现象。在种间竞争中常常是一方取得优势而另一方受抑制甚至被消灭。高斯假说（竞争排斥原理）认为生态位相同（例如，食物相同、利用资源的方式相同等）的两个物种不能在同一地区长期共存。若生活在同一地区，由于激烈竞争，他们必然会出现栖息地、食物、活动时间或其他特征上的生态位分化。野外实习中可观察同一生境中两个物种的种间共存机制，如取食区域的分化、食性的分化等。

2.5 觅食行为

觅食行为是指通过独特的方式获取生存所需食物的行为。觅食对策是动物为获得最大的觅食效率所采取的各种方法和措施。如选择最有利的食物，选择最有利的生态小区。如果有利食物增加，动物食谱中的种类可以减少。动物觅食过程中搜寻时间和食物的平均有利性将随着食谱范围的扩大而减少。根据食物的有利性和搜寻时间，可以推测最适食谱中应包含的食物种类。动物觅食过程中还要权衡取食与危险以及投资与收益。野外实习中可对动物的觅食行为进行观察，分析动物的食谱组成及觅食地环境特征。

2.6 栖息地选择

栖息地选择是指动物对生活地点类型的选择或偏爱。动物对生境的选择具有一定的遗传性和后天获得性。对栖息地的选择具有种属特异性，泛化种指的是广生境物种，特化种指的是窄生境物种。野外实习中可对动物栖息的环境进行量化分析，如植被组成、坡度、树叶形态特征等。

2.7 双亲行为

双亲行为是亲本对后代的照顾与关怀，是为了增强后代的生存和繁殖能力，并减少双亲对未来后代的投资。其中包括对幼体直接的照顾和为幼体生存准备条件。如鸟类的筑巢、护卵、育雏行为，哺乳动物的哺乳行为等。野外实习中可对处于繁殖季节的动物进行双亲行为观察，比较不同物种的双亲行为特征。

2.8 领域行为

领域行为是动物为维护社群的稳定，保证社群成员有一定的食物资源和隐蔽、繁殖的空间而采取的行为。领域的大小因功能、动物身体大小、食性及种群密度的不同而异。领域面积随生活史变化而变化；领域面积随领域占有者体重的增加而扩大；需要的资源越多，领域的面积越大。受食物品质的影响，食肉动物的领域通常比同样体重的食草动物的大。野外实习中可对鸟类、哺乳动物的领域行为进行观察，研究动物占有领域的方式、领域的大小及影响因素。

2.9 社会等级

社会等级是指动物群体中各个动物的地位具有一定顺序的等级现象。群居性动物中，个体的差异决定了对食物和配偶选择的优先权，通过竞争，某些个体成为群体中的优势者，其他成为从属者，从而形成社会等级。野外实习中可对集群生活的动物进行社会等级行为观察，研究动物的社会等级结构及影响因素。

2.10 利他行为

利他行为是指一个个体以牺牲自己的适应来增加、促进和提高另一个个体的适应。动物利他行为的表现形式包括亲缘选择、蒙混以及回报等形式。亲缘选择是指个体牺牲自身的繁殖机会而帮助与其有相近基因组成的亲属繁殖的行为，如合作繁殖行为。蒙混主要是指通过蒙蔽的方式使其他个体帮助自己，如鸟类中鹃形目鸟类的巢寄生现象。野外实习中可观察合作繁殖行为和巢寄生行为，研究利他行为的特征。

3 爬行动物野外研究方法

3.1 爬行动物的活动规律

爬行类动物的活动受环境因素的影响，特别是受温度和光照的影响更为显著。因此，在研究爬行类动物活动规律时，除了对爬行类本身进行定时、定点的观察和数量统计外，还应详细测定和记录环境的温度和光照情况。

3.1.1 昼夜活动周期

爬行类的昼夜活动受环境温度的影响，在进行观察时，要详细测量和记录生境内的气温、地温、洞穴温、光照强度和动物体温，并以昼夜时数为横坐标，动物出现频次、温度为纵坐标，绘制与温度相对应的数量频次变化曲线。

用这种方法测得蓝尾石龙子的昼夜活动规则如下：晴天约7时出洞，大都在阳光照射到的地方活动，这时气温在28℃左右，地表温25—26℃。之后，随环境温度升高而活动增强，到上午10时30分，动物活动达到高峰。12—13时，由于温度过高，活动显著减少。14—15时，温度略降，动物活动再次增加，17时后即停止活动。

天气变化常常影响爬行类动物的活动，所以，我们要注意晴天、阴天、刮风、下雨等天气变化时爬行类的活动变化。

在不同季节里，由于气候条件的变化，爬行类昼夜活动规律也会改变。这方面的研究，要分散在春、夏、秋三个季节进行。冬季，爬行类进入冬眠，无法进行。

3.1.2　季节活动周期

爬行类在不同的季节里有不同的活动规律，可以按月份或农历的节气，分别进行观察活动。每次观察活动3天左右，进行全日数量统计。绘出季节活动曲线图，结合当地季节气温变化进行分析，从而了解动物的季节活动与温度变化的关系。

3.2　爬行动物的食性

对爬行类进行食性分析，所得结论可以作为评价该种动物益害的主要依据之一，又可作为人工饲养该种动物时饲料搭配的参考。

不同的爬行类有不同的食性，如壁虎类以蚊、蝇、蛾类为主食，蜥蜴以直翅目、鞘翅目等昆虫为主食，蛇类以昆虫、鱼、蛙、蜥蜴、鸟、鼠等为食，龟鳖以软体动物、甲壳动物、鱼、蛙等为食。

3.2.1　食性分析的方法

（1）剖胃法。将杀死或浸制的动物剖开腹壁，找到胃，提起后小心剪开，取出全部内容物，放在解剖盘或培养皿中，进行检视。对于小型食物或食糜，须冲入表面皿内，入水稀释，在解剖镜下进行检查鉴定。

（2）挤胃法。此法不用杀死动物，适用于小型爬行类，如蜥蜴、壁虎等。用左手挟持动物腰部及尾部，右手拇指、食指压挤动物腹部，从后向前推挤，即可将动物胃内食物从口中挤出。将挤出的食物分别装入盛有45%—75%酒精或5%甲醛溶液的试管中，带回实验室备查。

（3）排泄物收集法。把爬行类排出的粪便收集起来，检查其中的残留物，可帮助分析食物组成。

（4）饲喂法。在饲养条件下，用不同的饲料饲喂爬行类，可确定该种动物的食性，也可了解其取食量、取食时间等情况。但此法与在自然界中取得的数据可能有差异。

3.2.2 食物种类和数量的统计

对爬行类所食食物中动物性食物种类的统计，应用不同的统计方法。一般动物性食物常用动物的某一特定器官来计算其数量。如昆虫的大颚、翅、足等，鱼类的头骨、棘鳍、咽喉齿等，蛙骨、鼠骨或鼠类门齿等；蛇类捕食的蛙体中的卵和鸟体中的昆虫、谷粒，都不能算作蛇的食物。对植物性食物，主要以植物的种子、果实或者叶片作为统计的对象。

根据食物种类和数量的统计结果，还要进行食物种类和数量占总量的百分比的计算。

爬行类的食物常随着季节的变化而变化，因此，按月或者按季进行食性研究，有利于了解爬行类食物的全貌。

3.3 爬行动物的繁殖

爬行类都是体内受精，在陆地上产卵，少数在体内发育成幼仔产出。卵外有钙质硬壳或革质软膜，卵常产在土窝或洞穴内。

野外实习时，对爬行类繁殖的观察研究，可从以下几个方向进行。

3.3.1 雌雄识别

大多数爬行类两性个体在外形上没有显著区别，但是，仔细观察，仍可从体色、体型、鳞片、各部比例上找到差异。如红点锦蛇和蝮蛇的雌性个体较雄性粗，尾较雄性短。雌性乌龟甲壳稍带黄色，背部三条纵棱明显，尾较短而基部粗；雄性甲壳呈深黑色，尾较长且基部细。鳖的雌性尾短，不超出裙边；雄性尾长，超出裙边之外。蜥蜴中的雄性在繁殖季节出现第二性征。如蓝尾石龙子，雄性腹侧及肛区漫散着紫红色小点，而雌性腹面为青白色。

实在不好区别的蛇类和蜥蜴，可用手压挤泄殖腔，如见到1—2个交配器从泄殖腔孔伸出，即为雄性，否则可定为雌性，用力压挤雄龟的头和脚，可从泄殖孔看到棍棒状的交配器。

3.3.2 性腺发育

爬行类性腺发育有季节性变化，定期（如按月）解剖采获雌雄个体，观察性腺发育状况，可以得到比较全面的资料。

雄性睾丸的发育：观察爬行类睾丸的发育，主要记录睾丸的颜色，测量睾丸的径长和计算其体积。如能制片观察性腺的发育，则判断性成熟的阶段会更准确。睾丸的颜色常与性成熟的程度有关，如未成熟的蜥蜴睾丸为乳白色，性成熟的多呈黄色或淡黄色。

以时间（如月份）为横坐标，以睾丸的体积（或径长）为纵坐标，得到的曲线即雄性个体睾丸发育随时间变化的反映。

雄性卵巢的发育：定期测量卵巢及卵的大小，测量输卵管的横径，统计卵的数目和进入输卵管的卵数，可获得爬行类卵巢的发育过程的系统资料，从而正确判定动物性发育的时期。一般将蜥蜴的卵巢发育过程划分为四个时期，即休止期、萌动期、中动

11

期和成熟期。在不同地区、不同种类，各期所占时间应有区别。

3.3.3 产卵与孵化

产卵：爬行类多数为卵生，少数为卵胎生。在野外实习时，对一两种爬行类进行产卵情况的观察和记录，是十分有意义的。观察和记录的内容包括产卵的时间、地点、环境，巢穴状况，以及卵的性状、色泽、大小、数目、重量、壳膜性质等。

孵化：爬行类卵的孵化靠自然温度和湿度，因此，人工孵化比较简单。瓦缸、瓦罐、木箱都可以用来孵化龟鳖、蜥蜴类的卵。在缸罐底部铺上一层松软的泥土或细沙，将卵平放在沙土上（蛇类），或埋在土中（蜥蜴）。缸罐口上盖上湿布或吊放一只小水箱，保持湿度，上面再加上木盖或竹筛。每隔一两天观察一次，注意缸罐内的温度和湿度的变化，并进行调节。未受精霉烂变丑的卵要及时取出。

在人工孵化的全部过程中，都应该做详细记录，对于出壳的幼体还可以进行测量体长、称量体重的工作。

3.4 爬行类的数量统计

爬行类的繁殖季节也是相对集中的，因此，对蜥蜴、蛇和龟鳖的数量统计最好在春季交配时期进行。有的爬行类夜伏昼出，须在白天观察统计；有的爬行类昼伏夜出，须在夜晚观察统计。

统计地区的选择，应根据不同的研究目的来确定。如为了调查爬行类的生态分布，可选择几个不同的生境，分别进行统计；在进行昼夜或季节活动周期研究时，则应在同一生境中进行多次统计。根据地形条件，可用样方统计法，或路线样带统计法。

在进行生态分布数量统计时，常划分不同的数量级，用以表示不同动物的相对数量。数量级的划分，要根据调查动物的种类和数量来确定。一般分为三级或四级，如每平方公里出现1000只以上定为最丰富（＋＋＋）；100—1000只定为丰富（＋＋＋）；10—100只定为一般（＋＋）；10只以下定为稀少（＋）。

4 鸟类野外研究方法

4.1 鸟类的生活习性

4.1.1 栖息环境

生境（或称栖息地）是鸟类所生活的特定环境。鸟类的分布与各种生境条件（如地貌、植被、气候、水文、土壤等）有着非常密切的关系。在长期的历史演化及自然选择进程中，鸟类与特定的生境条件相互制约和相互作用，其形态和习性与其生境相适应，形成不同环境梯度的不同鸟类种群。

描述鸟类的生境多侧重于植被类型。植被类型是反映自然景观的独特因素，又是地形、气候、水文和土壤等综合作用的结果。植被的主要类型有：

针叶林：以针叶树（如松、杉等）为主要建群树的林型。

阔叶林：以阔叶树种占优势的林型。

针阔混交林：针、阔叶树种以一定比例相互混杂的林型。

灌木林：林子中树的胸径较小，以灌木占绝对优势的林型。

荒草坡：树木被砍伐后，草本植物较为发达。

农田：农田包括两种类型，即适于水稻种植的水田和用于种植其他经济作物（如土豆）的旱耕地。

果园：人工种植的经济果树。

水域：包括湖泊、池塘、河流、海洋等。

居民点：以人类建筑物为主要景观的区域。

不同地形环境中栖息着不同类型的鸟类，如森林中常见的有雀形目、鹦形目、䴕形目以及一些猛禽和鸠鸽类；旷野地栖息的鸟类常见的有鹑鸡类；沼泽地区有鹳形目、鹤形目和鸻形目的鸟类；水栖的有游禽类，如各种雁鸭、鸊鷉等。不同的海拔高度有不同代表性鸟类。不同植被类型栖息的鸟类也不同。栖息环境的气候条件对鸟类的生活也会产生重要的影响。

因此，在观察鸟类栖息环境时，应记录以下各项：（1）地形怎样。（2）植被怎样，属哪种植被类型；植物组成、植物高度怎样；鸟类喜栖于哪种植物上，栖息位置怎样。（3）栖息地的温度等气候条件怎样，郁闭度是多少。（4）距水源多远，每天喝水次数；尤其是雉鸡类营巢环境的湿度是多少。

4.1.2　活动规律

鸟类活动有其一定的规律，其年规律观察内容，包括鸟的季节类型及候鸟每年迁来和迁走的时间，单独还是混合群迁徙等。对其每天活动的观察，应注意：栖息地点；停息、起飞、飞翔、落地、行走及其他活动的姿态，如鼓羽飞行、翱翔、攀爬和游泳或潜水等；受惊后的反应；飞出的距离、飞行的高度，飞往何处，是否有返回原栖地的现象；早上开始觉醒及晚上停止活动的时间，一天内活动的高潮、活动的距离和范围如何；单独、成对还是成群活动；飞出与归巢时鸟的行为变化如何。就鸟类夜宿何处，须记录：（1）夜宿地的环境。（2）雌雄夜宿情况。（3）一年中不同时期夜宿地的变化等。

鸟类的日活动节律受光照条件的影响较大。在一天的不同时间段，鸟类表现出不同的活动性。要想了解鸟类的日活动规律，还需观察记录以下内容：

（1）使用照度计，记录鸟类早上开始觉醒及晚上停止活动的时间（对夜间活动的鸟类则为晚出及早归时间）和当时的亮度。通常，在早晨鸟类开始鸣叫常与其活动一致，但在傍晚最后一次鸣叫和完全停止活动之间并不吻合。

（2）选择固定的路线每隔1—2小时对某种鸟类进行固定的数量统计（全天跟踪调查），可以看出该种鸟的活动高峰及其与光照、温度、食物等因子的关系。

（3）鸟类活动的距离及范围。飞出及归来鸟群的行为，如飞翔姿态、飞行高度、栖止姿态、落在树上的位置（如顶层、中层、下层等）、受惊后的反应等。在晚上观察鸟类的活动可用夜视仪进行。

（4）各种鸟类早晨开始鸣叫的时间和先后次序。听鸟鸣是早晨观鸟的一项重要内容，记录鸟鸣最简单的方法是在听清音节的长短高低后用拼音记录下来。若用录音机或数码录音笔等工具录下来，还可进行声谱分析。天气晴阴、降水量、日照长度变化等对鸟类活动时间也有影响。

4.1.3 食物基地、取食活动与形态适应

每种鸟的食物不尽相同，其取食地点、取食时间、捕食方式和行为以及嘴和腿的形态适应也不同。如食肉猛禽的嘴、爪呈钩状；食鱼水禽，嘴扁有锯齿；捕食飞虫的燕和夜鹰等，嘴须发达。在观察时要记录：（1）取食地点，如有的在田间取食谷物，有的则在林地取食野果或杂草种子。还可分为在地面、树上或空中取食。（2）取食时间，如在白天还是在夜间或晨昏取食。（3）取食方式，这与鸟的形态适应有关。（4）取食范围，如有的在近处取食，有的则飞往远处取食。（5）取食种类和数量，除直接观察外，主要可通过食性分析来了解。（6）天气（阴、晴、降水、光照）等对取食各方面的影响。

4.1.4　鸣叫

鸟类的鸣叫实为表达其行为的一种信号，对其个体或种群的生存具有重要意义。各种鸟类有其独特的鸣叫声，而且雌雄之间、成雏之间以及繁殖和非繁殖期的叫声也各有区别。熟悉鸟类的鸣叫对了解鸟类的行为及调查一地区鸟的种类、数量等资源是很重要的。鸟的鸣叫可分鸣啭和叙鸣两种。鸣啭一般是雄鸟在繁殖期占区和吸引雌性并排斥同种其他雄性的一种信号。叙鸣又可分为呼唤声、警戒声、惊恐声、寻群声等。如柳莺的呼唤声为"ji, ji, ji"；警戒声也像山雀叫，短促粗厉，如"zha－zha－zha－zha"。

研究和记录鸣叫声的方法，最简单的是在听清楚音节的长短高低之后，用方言、俗语、短句或汉语拼音等记录下来，如鹰鹃的鸣声似"顶！水盆儿"。冕柳莺叫声可记录为"jia jia—ji"。叫声的音质可描述为鸣声嘹亮的哨音、清晰的哨音、似长笛声、挫磨声、芦笛声、刺耳声等。黄鹂的叫声似嘹亮哨音，有时似猫发情的叫声；松鸦鸣叫似小孩哭；夜鹰的叫声似敲梆子声；金翅雀的叫声似铃声等。随着现代电子技术的发展，研究记录鸟的鸣叫也可使用录音机。但录音机要有一个宽的频带，所连接的微音器要灵敏且噪音小。微音器上应装上反射装置，使声音聚焦于微音器，提高录音效果。人处在下风的位置，要防止录音时风声及其他杂音的干涉。录音后可将磁带反复播放，收听记忆；也可回放招引同种鸟类；还可对所录声音进行频谱分析研究。鸟类方言的发现，也正是频谱分析研究的结果。

4.1.5　鸟类的种内和种间关系

鸟类的种内、种间关系是它们与生物环境之间的关系，包括捕食、竞争、寄生、共居或共存等关系。这些关系并常随环境或季节的不同而改变，如许多隼形目猛禽和大嘴乌鸦等常以小鸟为食；肉食鸟类为捕食而竞争；食虫鸟类为争占巢区或争食昆虫而竞争。许多鸟类在繁殖季节，雄鸟之间为争偶、占区而发生格斗。但有时在巢地缺乏的情况下，黑卷尾和喜鹊、红尾伯劳可在相距很近的地方筑巢，而不发生格斗。许多鹭类和乌鸦等有群体营巢现象。杜鹃不营巢，将卵产于其他小鸟巢中，让其代孵和育雏。大多数鸟类仅繁殖季节有配偶。鸽有永久配偶。天鹅和雁配偶间结合时间较长。丹顶鹤在越冬期仍保持配偶和家庭关系。

鸟类还有集群的习性，但随季节变化而不同。春季如鸦类，鹞、莺类和山雀的集群；夏秋季，雏鸟离巢后，最初是形成家族群的游荡，以后在适宜场地聚集；冬季如各种野鸭的混群，以保证群体的安全。观察鸟类集群可记录：

（1）集群出现时期。

（2）集群前有无聚集现象（地点、环境、种类、数量、活动习性等）。

（3）混合群的种类组成，每种数量，活动范围、活动速度，行为等。

（4）绘制活动路线图。

（5）夜宿地（地点、环境）。

（6）群体活动的全日观察（包括种类组成，每种数量，活动范围、活动速度和路线，每天活动多少时间，取食习性，行为，与其他种群的关系等）。

4.2　鸟类的种群数量统计

鸟类的种群数量统计能帮助我们分析鸟类区系的特征。数量统计的资料，可用于研究鸟类种群特性、种群密度和数量波动等问题，以探讨鸟类在生物群落和生态系统中所处的位置及所起的作用。在实践上，估算鸟类的经济价值，评价鸟类对农林业的益害、在保持生态平衡中的作用，以及保护和挽救濒临绝灭的珍稀鸟类，均须有相对甚至准确的数量资料。因此，在野外调查工作中，进行鸟类种群数量统计，是一项不可忽视的重要内容。

4.2.1 样方统计法

此法适用于鸟类繁殖季节。先按不同生境选择 1 公顷（长、宽各 100 米）大的样方地。打桩标记，以便重复统计。如果实习地区某一生境面积不足 1 公顷，可选择同生境几块样地或在一块很大生境中选三四块有代表性的样地，分别统计，最后将统计数加起来，算出 1 公顷面积鸟类的数量。再根据该生境在某地区的总面积，求出鸟类的数量。此法是按鸟巢数（一巢为两鸟）来计数的。在树木较稠密的林区，营巢鸟类较多，为求准确，可按一定距离将样地分段标记，逐一仔细统计，再计算。统计时，用不同符号绘出样方内各种鸟巢的分布位置，大致按比例绘出主要植被、公路、小道、建筑物和河流。这样样方内的鸟类的数量便一目了然。此法也可供生态学研究方面的其他人员参考使用。如果在草原、海滩或河湖滩等开阔地区，可将 1 公顷面积按 20 米或 25 米宽、50 米或 100 米长划分小区，打桩标记，在标记区内 2—3 人同时前进，逐一记录鸟巢数。此外，还可采用拉绳法进行带状统计。方法是取 30—40 米长的绳，系上铃铛，二人各持一端前进，第三人在绳中央的后面，带记步器前进。注意鸟起飞地点，将发现的鸟巢记录下来。所走距离可 100 米、200 米或 500 米。通过带状面积统计，算出 1 公顷内鸟类的数量。在整个繁殖季节内定期统计和制图，可了解样地内每一种鸟类的数量变动、巢区分配、行为及种内和种间关系等情况。在山区，最好按垂直带，或者按不同的生境，选择有代表性的地段作为样方，在一定的面积内进行重复统计，例如，隔天或隔周进行一次。面积的大小，通常以 1 公顷为单位。如果林木稠密，还可把面积进一步缩小为 1/4 公顷，即 50 米 × 50 米，在较小的面积内进行统计较为方便。为求其准确，不论在 1 公顷还是在 1/4 公顷面积内，均须按一定的距离进行分段，并做明显标记，划出更小的地段进行统计，逐一搜索和记录各分段面积内的所有鸟类，这样就可以计算出这一样方内鸟类的数量。在同一垂直带或同一生境，要选择三四块样地进行统计，将其结果求出平均值，再推算出这一垂直带或生境中鸟类的数量。

4.2.2 路线统计法

这是一种常用的数量统计方法。在实习地先经过一段区系调查，在熟悉了当地鸟种的组成、活动规律和鸟类鸣叫声音之后，可在该地区选择几种不同生境，并择取具有代表性的地段和路线进行统计。

统计时间要在鸟类活动最强的时间进行。一般在日出后 2—3 个小时和日落前 2—3 个小时最为适宜。要选晴朗温暖无风的天气，阴雨及大风天会影响鸟类的正常活动，也就会影响统计的效果。具体方法：统计前在记录本右页画好统计表格。左页空白做记录，记录调查的地点、时间、生境及其特征、气候状况等。统计时以每小时 3 千米（速度可用 GPS 测定）的速度前进，速度要均匀，不要停留，将每侧 25 米范围内看到、听到的鸟的种类和个体数记录下来。由前向后飞的鸟计数，但由后向前的鸟不计，以免重复。记录方法是先写种名，其后记录数量。见到单只鸟可用画"正"或"．"的办法计数，几只一起可用阿拉伯数记录。繁殖季节，对同一路线可重复调查 3—4 次，以使数据更加可靠。如果鸟的个体数占遇到的总数的 10% 以上，或每小时遇见 10 只以上，则为优势种，用"＋＋＋"表示；百分数为 1%—10% 或每小时遇见 1—10 只，则为普通种，用"＋＋"表示；百分数在1%以下或遇到1只以下，则为稀有种，用"＋"表示。但由于调查地区和季节不同，鸟的数量状况也不同，划分三种等级的标准可因地制宜地进行调整。一般某一地区鸟类优势种只有少数几种，大多为普通种。如果把优势种划得太多，就显示不出其相对性了。线路两侧宽度一般在15—40米之间，林密宽度小，林空旷时宽度稍大些。利用线路统计法得出的数量，虽然只是个相对数值，但仍能帮助我们了解某一地区、某一时间鸟类的组成及数量的一般状况。该数据在进一步应用时，具有一定的参考价值。

线路统计法经过半个多世纪的实践检验和不断完善，已成为研究鸟类生态、地理以及在大面积内研究鸟类分布的基本方法，并用于区系动态的定量分析。

4.2.3　样点统计法

这是从线路统计法发展而来的一种方法，在熟悉当地环境和鸟类的情况下，依生境配置选定相当数目的样点（统计点），详细记述每点周围的环境特征。样点选择是随机的，各点间距离必须大于鸟鸣的距离。选定的样点应设标记，以备不同时期（如隔半月或一月）进行重复统计。要在鸟类活动最强的清晨进行样点统计，同时制图记录样点内各种鸟类的位置（连续多次观察可了解鸟的活动路线或巢区）。统计时间依研究对象及内容，从5分钟到20分钟不等。但一经确定后，应多年不变，以备在不同时期（例如，间隔半个月或一个月）进行重复统计，从而获得鸟类群落结构及其动态的资料。每季度定时进行数次观察，便能了解该生境鸟类的群落结构和变化情况。

另有"线—点统计法"，实际是一种简化了的样点统计法。其基本要点是：先依大比例地图确定工作地区内的统计路线，沿路线每隔一定距离（如200米）标出一个统计样点，于清晨沿预定路线行进，行进时不做鸟类数量统计，至每一统计样点时，停留3分钟将样点附近所看到及所听到的鸟类种名和数量记录下来。一般在繁殖季节的早期，对路线进行三次重复统计，能比较准确地了解有关鸟类的数量及分布概况。对于有条件的地区，甚至可骑自行车或乘汽车来完成该项工作。

4.2.4　鸟类的频率指数估计法

鸟类的频率指数估计法是经常采用的划分鸟类数量等级的一种方法。在调查期间，可用各种鸟遇见百分率（R）与每天遇见数（B）的乘积（RB）作为指数，进行鸟类数量等级的划分。

计算公式是：

$$某种鸟遇见百分率(R) = \frac{遇见鸟类的天数(d)}{工作总天数(D)} \times 100\%$$

$$每天遇见数(B) = \frac{每一种鸟的总只数}{工作总天数}$$

凡（RB）指数在 500 以上的为优势种；指数在 200—500 之间的为常见种；指数在 200 以下的为稀有种。但划分等级的指数标准，在不同地区可根据具体环境和季节的差别进行调整，使优势种只占极少数。

4.3　鸟类的食性

鸟类食性的研究，早已被动物学者所重视。因为食物条件的好坏，不仅直接影响鸟类的个体发育和繁殖，而且还能影响鸟类种群的出生率、死亡率、存活率和鸟类的分布。只有了解鸟类的食性，才能进一步了解鸟类在生物群落和生态系统中的位置，以及所起的作用。因而，食性是鸟类生态学中重要的研究内容。

有关鸟类食性的研究方法有以下几种。

4.3.1 直接观察法

用肉眼或望远镜直接看到鸟类吃的食物，但常不易看清，因此这种方法只能作为对食性研究的一项辅助办法。观察时要记录鸟类的活动地点、活动规律和觅食情况。如是在树冠上还是在树干上；是在空中捕食还是在地面觅食；是在草丛还是在农田、菜地、翻耕地、空地、打谷场或谷物堆上。这样会有利于我们判断鸟的食物来源和分析某些鸟类的食性。

4.3.2 胃容物检查法

将采到的鸟的胃和嗉囊取出，称重后剖开，拣出内容物，再称重，与前者重量相减，得出食物重量。在胃容物存放的容器里加入少量水，便于对未消化的食物加以分类。将同类食物归在一起先计数，如昆虫个数或谷物、草籽粒数等，然后分别放入量筒内，用排出多少水来测量体积（单位 cc），此法为容积测定法。最后各装入盛有 75% 酒精或 5% 福尔马林溶液的指形瓶内保存。一般在野外为了节省时间，可用纱布将胃等包好，挂上与鸟标本号相同号码的标签，用福尔马林固定保存，带回分析。为了鉴定准确，须在当地采些与胃内容物近似的昆虫和植物标本，以供鉴定时对比参考。昆虫幼虫水分多，易引起误差，可先将胃容物分类称重、烘干，再用天平称量各类食物的干重，此法称为干重测定法。

4.3.3 食物残块检查法

对一些食肉和食鱼鸟类，如隼形目、鸮形目和鹳形目等的食性调查，可以定时在巢内或巢的附近地面上收集食物残块，以了解它们的食物成分，并同遇到食物的频率做比较，也能求出食物组成及其主要成分。而对一些草食性鸟类,可从粪便遗迹中观察到部分食物种类。

4.3.4 灌水反吐法

有些水鸟在捉到后将水从嘴里灌入消化道内,然后把鸟倒挂起来,压迫胸、腹及颈基部,致使其吐出所吃食物。将吐出的食物盛放在容器里,当食物沉淀后,倾去上层水分,加适量10%的福尔马林,带到实验室里观察分析,取完食物后还可进行鸟体测量、鉴定及环志,最后将鸟放回到大自然中去。

4.3.5 雏鸟扎颈法

用细绳将雏鸟颈部扎住,松紧度以雏鸟不致将食物吞下为度。切勿扎得太紧,以免把雏鸟勒死。扎颈后在附近隐蔽处观察亲鸟的喂雏次数及时间,一小时后用镊子将雏鸟口中的食物以及落入巢内和巢旁的食物取出,装入瓶内,然后解开绳结,另喂食物,以防雏鸟饿死。一般可将巢内雏鸟分组轮流扎颈,以获得较多的食物样品。为了细致地研究雏鸟食性,在幼雏孵出后应尽早扎颈,并逐日收集样品。

4.4 鸟类的繁殖

鸟类进入繁殖期是其生活史的重要阶段。大多数鸟类在春夏季节繁殖,此期间繁殖鸟不仅形态会发生一些变化,还依次出现占区、筑巢、孵化、育雏等一系列复杂行为。海南四季不分明,有些鸟类一年四季均可进行繁殖。

4.4.1 巢区和领域

观察时须记录的材料有：雄鸟和雌鸟飞来日期，巢区的环境情况，如植被及周围的食物等，巢区的大小。雄鸟和雌鸟每天活动的规律和保护巢区的表现，巢区保持多久，各阶段的变化，第二及第三窝时巢区的变化，次年亲鸟是否仍占去年的巢区。记录生境内其他种繁殖鸟类的情况。观察占区时，要记录雄鸟和雌鸟飞来的日期，活动的地点，测量相邻鸟巢之间的距离，记录生境内的其他种繁殖鸟类。巢区及领域测定的方法是，以巢址为中心，以 50 米为半径画圆，再把圆划分为 8 等分。在与圆交接处标记，按这个比例在坐标纸上缩成一图，用不同符号表示巢周围的林型、小丘、小河、山路、村庄、农田等。然后选一适宜观察的地点，记录雄鸟（兼看雌鸟）从清晨起活动路线，标成各点，按比例记录在坐标图上，将雄鸟活动的各点以直线画出，将坐标纸上所记绘的最频繁活动的各点线的远端连线，即可算出巢区面积。领域的大小则通过雄鸟驱逐入侵鸟的行径的各点远端连线来计算面积。

4.4.2 求偶炫耀和筑巢活动

鸟类在求偶期的鸣叫十分频繁，雀形目鸟类更有复杂多变的鸣啭。鸣叫对于占区及维持配偶、促进繁殖进程起重要作用，因而它是野外识别鸟类、判明巢区及研究鸟类行为的重要内容。鸟类的求偶行为是多种多样的。

雄鸟在巢区以鸣叫来吸引雌鸟，还用炫耀羽色及不同形式的姿态向雌鸟"求爱"，刺激雌鸟发情。鸟类求偶的行为是多种多样的。雉鸡表现为雄鸟绕雌鸟缓步。红尾伯劳的雄鸟常做摇头摆尾及"鞠躬"等姿态，然后以喙和雌鸟的喙摩擦，雌鸟答应则下垂双翅，做快速抖动，尾羽展开如扇。斑鸠在求偶时，雄鸟出现

"婚飞",自雌鸟旁突然直冲,高飞空中,然后敛翅翻身,随即展翅张尾,滑翔降落在雌鸟体侧,继以"鞠躬"鸣叫。一般雌鸟答应说明求偶成功,形成配偶。求偶行为观察包括:(1)求偶的性别。(2)求偶开始,高潮和终始阶段的表现。(3)配偶如何形成,形成配偶后的行为。(4)配偶保持时间,在生殖期中配偶关系的变化等。

鸟类选好配偶之后就开始筑巢。鸟巢都筑在隐蔽的地方,并伪装得很巧妙。在地面、水面、树洞、土洞、岩崖、高树杈、灌木丛、石缝及建筑物等处都能筑巢。观察筑巢要距巢用望远镜观看,以免鸟类弃巢而离。观察记录内容为:筑巢日期、筑巢期天数、筑巢位置及周围环境、筑巢鸟的性别及行为。如果全日进行观察要记录观察日的天气、温度、时间、地点等,一日内开始和结束时间,一日内雌雄叼草多少次,雌雄间行为,与其他动物的关系,巢材获取地点与巢地距离,等等。全日观察可在筑巢期的前、中、后期三次进行。多数种类是雌鸟独自筑巢,有些是雌鸟筑巢,雄鸟协助。巢材多种多样,一般是就地取材,但不同种鸟类对巢材有严格的选择性,这一特点可作鉴别该种鸟巢的依据。

当发现鸟巢或鸟卵之后,绝对不能轻率地把巢拿走,应当做到以下几点:一是必须判断巢主是谁,因为不知道种类的巢是毫无意义的,如果亲鸟不在,要隐藏起来耐心等待观察,必要时张网捕获识别。二是必须检查卵数是否已经产足。除了查阅文献之外,可取1—2枚卵放在水里,如果卵迅速沉入水底表示尚未孵化,可能还未产齐,这时应不惊动亲鸟,第二天再来检查,直至满窝为止;如果卵全浮在水面或悬浮在水中则表示已开始孵化。三是必须对巢进行测量或摄影,然后再把巢取回。如果观察繁殖生态,在研究结束之后方可取巢,但在孵卵过程中,应注意切勿随便移动巢卵或惊动亲鸟,以免亲鸟因受惊而将巢放弃。

有的鸟在筑巢期间进行交配,有的在巢将完成前期进行交配。

鸟类交配可记录交配的时间、次数、间隔时间、地点和行为方式等。

4.4.3　产卵和孵卵

鸟卵的形状、颜色、大小、重量及数目，虽千变万化，但在同一类群间常有相似之处。鸟卵的形状有卵形、钝卵圆形、球形、梨形等。

鸟类多在清晨产卵，雁鸭类、鸡类、涉禽和大多数小鸟在卵全部产出来之后，开始坐巢孵卵；鹰、鸥、雨燕等，在产下第一枚卵后就开始孵卵。孵卵通常由雌鸟担任，有些种类雌雄共同参加，这与鸟的羽色有关。雄鸟羽毛特别鲜艳的鸟类（一般为一雄多雌的婚配制度），多由羽毛暗淡的雌鸟孵卵；两性羽毛区别不大的鸟类（一般为一雄一雌的婚配制度），雌雄都参加孵卵；雌鸟羽毛特别鲜艳的（一般为一雌多雄的婚配制度），则多由雄鸟孵卵。鸟体和卵接触的部分，羽毛常脱落形成孵卵斑。此期间鸟的行动十分隐蔽，常不作声响。卵的孵化期虽有长有短，但同种鸟类却十分恒定。小鸟多数需要13—15天；中型鸟类要3—4周；大型鸟需要的时间更长，例如，山雀约15天，斑鸠约18天，雉类21—24天。

在一个比巢高的位置或用长杆结上镜子，通过反射用望远镜观察并记录以下几点：（1）鸟产卵日期、时间（多数于清晨产卵）。（2）每卵产出的时间，中间间歇的长短，最后一枚卵产出的时间。（3）每窝卵数以及产卵期两性行为表现如何，如雌鸟在产卵期似乎用很长的时间剃羽，并大部分时间用以找食物，似乎不关心巢和巢地；雄鸟则常随雌鸟活动，鸣叫增多并不时地进行交配等。

有关鸟类的孵卵要记录孵卵开始的时间，如雁鸭类、鸡类和大多数雀类在产卵结束后开始孵卵。一般由雌鸟孵卵，两性羽色区别不大的雌雄都参加孵卵。坐巢时间、夜间哪个亲鸟坐巢、孵卵的温度（可采用 Data Logger 自动温度计录仪监测）、孵化的时间等也应记录。

我国有许多鸟类的繁殖生物学资料不完整或尚属空白，因此，在野外实习时应尽量收集产卵和孵卵的宝贵资料。

4.4.4 育雏

野外实习观察的对象主要是雀形目的晚成鸟，它们都和森林发生关系，这里主要以晚成鸟进行叙述。（1）对育雏的观察。首先，用不同色线拴在雏鸟的跗蹠部进行标记，然后观察记录两性在巢内或巢外抚幼和捕食的活动。如喂食的是雌性还是雄性，或两性同时参与喂食。注意孵出后第一次和离巢最后一次喂食的时间、喂食的方法。有否有清除巢内粪便和食物残渣的行为，亲鸟护雏防御雏鸟免受敌害的方法是什么。在育雏期应做前、中、后期三个阶段的全日观察，内容为：每天从何时开始喂雏，何时结束；观察日期，地点和气候怎样；一天中雌雄各喂多少次，喂几次雏鸟可分别得食一次喂的食物（幼虫、成虫或其他等）。取食范围可用图绘出。（2）雏鸟生长发育。雏鸟的生长发育以日龄（天）为单位，出壳日为零天。要记载出壳的全过程，如多长时间出壳，是否同时出壳。描述出壳幼雏的嘴、眼、耳、体色、绒羽及反射行为等，并对雏鸟一一称重。刚出壳的晚成鸟，口宽头大，四肢短肚子大，体裸无羽，眼闭，体温尚不恒定。随亲鸟的育雏，雏鸟不断生长发育而发生变化。所以每日都要进行以下工作：最好每天早晨逐一称量体重，测量体长、嘴峰、翅长、尾长及飞羽的长度；观察羽毛的生长情况及雏鸟的活动和行为；还可用点温计测量雏鸟的体温（泄殖腔）变化，以了解体温调节逐步完善的过程；当雏鸟羽被长成时，要注意幼鸟如何扇翅离巢，离巢距离，有否亲鸟带领，是否继续喂食，白天在何处活动，夜宿何处，是否归巢。亲鸟、雏鸟在一起生活共有几天。

4.4.5　鸟巢和鸟卵

4.4.5.1　鸟巢

鸟巢可分成地面巢、水面巢、洞穴巢、建筑物巢及编织巢等。鹑鸡类、雁鸭类、鹤类、鸥类、鹬类以及鸣禽中的百灵、云雀、柳莺等在地面土壤上筑巢，有的直接把卵产在地面的土坑中，有的在坑中铺垫一些树叶，有的在地表用杂草编织成巢。小鹋威、红骨顶、白骨顶、董鸡等在水面上把水草折弯搭成盘状的浮巢，这种巢可随水面升降，水的波动对卵和雏鸟没有危险。翠鸟、沙燕在岸边堤基或沙土峭壁挖掘坑道状的洞穴做巢。啄木鸟、山雀、戴胜、鸳鸯利用天然树洞做巢，但啄木鸟必须自己凿洞，而家燕、金腰燕要在建筑物房檐下用泥做巢。许多鸟类奔树上用树枝杂草等编织成巢。斑鸠、鹭类的巢仅用少量树枝搭成，十分简陋。白鹡鸰能做碗状巢。伯劳、黄鹂、卷尾、寿带、大苇莺能做杯状巢。短翅树莺、喜鹊、文鸟能做球状巢。棕扇尾莺、攀雀能做瓶状巢。缝叶莺能做袋状巢。

在野外寻找鸟巢是一件有趣而又相当困难的工作，因为多数鸟巢筑于隐蔽地点，且伪装得十分巧妙。怎样才能找到鸟巢呢？(1) 要熟悉鸟类的营巢习性，主要是筑巢地点和巢形。多数鸟在巢区终日鸣叫，可根据鸣声找巢。(2) 寻找树上巢时，可观察亲鸟的活动，在接近巢时，雄鸟惊叫，不安地来回飞翔，久而不去。雌鸟却偷偷离巢，但仍在附远跳跃。如果隐蔽起来监视亲鸟，最后可发现其巢。(3) 寻找树洞有无鸟巢时，可用力敲打树干，惊飞亲鸟或攀上树干直接寻找。(4) 在草原、河滩、沼泽等开阔地，可多人排成横列前进搜索，或由二人拉一长 30—40 米系有铃的绳前进，惊飞鸟而寻找。

当发现鸟巢后，首先要隐蔽起来，观察确定巢主是谁。如果观察繁殖生态，应当在研究结束之后取巢。取巢时记录采集时间、地点、环境特点、巢的位置、巢材等，并测量巢距地面的高度（米）及巢高、巢深、巢的内径和外径（厘米）。球形巢和树洞巢还要测巢口直径，进行绘图或摄影。大型鸟巢在野外绘图或摄影后只取少量巢材作为标本。小型巢先用杀虫剂喷洒，杀死寄生虫，放入樟脑球，系上标签，带回干燥后放入标本盒内保存。

4.4.5.2　鸟卵的形状、大小、颜色、重量及产卵数因种不同而有很大变化

即使同一种鸟也有变化，但一种鸟的卵大致相同。鸟卵的形状有卵形、钝圆形、球形、梨形。卵上的斑纹有条状纹、埃状斑、环状斑、细密斑、稀疏斑等。因此，根据上述特征可以鉴别是哪一种鸟的卵。在采集鸟巢时，对卵进行测量，用棉花包好，放入不易被压碎的盒里（如饭盒等）带回处理。在鸟卵的侧面钻一小孔，把金属丝插入孔中，将蛋黄搅碎，然后把带粗针头的注射器插入孔中，注水徐徐将蛋黄、蛋清排出。如蛋内已有胚胎，可将孔略开大些，用小钩钩出，最后用清水冲洗数次，用70%酒精消毒后等干燥时放入原巢内，拍摄彩照，妥善保存。

5 哺乳动物野外研究方法

5.1 哺乳动物的食性

食性分析的目的就是了解哺乳动物食物的主要组成成分，在不同季节（干湿季节）和不同地理环境中有何变化，兽类如何取得这些食物，对人类的经济生活有益还是有害，动物在当地生态系统中的地位和作用，即在物质循环与能量转化中扮演的角色。野外实习中，观察和研究兽类的食性，是一项重要内容，根据哺乳动物的食性，常常能判断动物的益害程度，为除害和动物的饲养驯化提供科学依据。

5.1.1 哺乳动物食性的类型

可根据不同的依据划分成不同的类型。根据兽类对食物条目的选择范围，划分为广食性（食谱范围广，对环境变化适应能力强）和狭食性（食谱范围小，食物种类缺少时容易引起营养不良，对环境变化适应能力弱）两类。狭食性哺乳动物的食谱范围较小，如吸血蝠完全以血为食，大熊猫主要食竹等；广食性兽类食性较广，甚至能交替地利用当地的食物。

根据食物性质的不同还可以将兽类划分为草食性（以植物为食）、肉食性（以动物性食物为食）和杂食性（兼有动物性食物和植物性食物）。典型的草食性种类包括除猪科以外的所有有蹄类、

31

有袋目的双门齿亚目、大蝙蝠、树懒、海牛等目。它们主要以植物性食物为食，这包括木本、灌木和草本植物的根、茎、叶、花、果及种子。肉食性动物主要以动物性食物为食，都具有高度特化的结构和特殊的捕食行为，具体可分为食虫类和食肉类。典型的食虫类为食虫目、管齿目、有袋目和翼手目中的大多数，如食蚁兽、土豚等专食蚂蚁和白蚁。典型的食肉类包括食肉目中的大部分种类，某些有袋目和海豚科的逆戟鲸（Qrcaorca）。

杂食性动物通常是指既吃植物也吃动物的兽类。典型的如熊、褐家鼠等。许多肉食性哺乳动物如鼬类、狐类，也食植物的浆果、坚果等；许多草食性哺乳动物也吃动物性饲料，如田鼠和跳鼠以昆虫为食。

5.1.2　哺乳动物食性的研究内容

5.1.2.1　采食时间

哺乳动物的最适觅食时间也因种类而异。一般可分为白昼觅食者、夜间觅食者以及昼夜适食者等类群。植色部分所含能量相对较低，因而很多大型食草动物是昼夜觅食的。

5.1.2.2　采食行为

哺乳动物因捕获食物的方式不同一般分为两种：一类是"坐等"捕食者，具有快速出击的作风，虽坐等要花费较多时间，但可以减少运动能耗；另一类更为普遍的是追击类群，具有敏捷耐久的奔跳能力，如社群性的狼就具有这种对策，能在大面积范围内捕食大型猎物，持久奔跑虽消耗大量的能量，但收获也大，可捕到400公斤左右的麋鹿等。

5.1.2.3　采食范围及食物基地

最适采食食场，常随种类的食性及栖居地而异。如我国北方荒漠草甸上的黄鼠，主要栖息在草地道路两侧及较坚硬的沙质地带，以该地各种植物的绿色部分为食；而栖息于农田、土丘、田埂的黄鼠，秋收期间则大量盗食田间的大豆、玉米、谷子等。

5.1.2.4　食物组成

食物是决定哺乳动物生存和繁殖的重要能源。哺乳动物选择的最适食物应为能量贮存最大或寻食时间最短的食物。食物的营养成分，能决定哺乳动物食物的选择，如不同地区的鹿，吃的植物尽管不同，但都是选食那些最容易被消化吸收的部分。实习中须查明它们采食植物的种类，定出哪些是主要食物，哪些是次要的。

5.1.2.5　食量及贮粮习性

食量的多寡取决于动物的体积，体积小的动物比体积大的动物需要相对更多的食物，如小型哺乳动物鼩鼱一天的食物可以超过自身的体重。其他兽类，特别是食肉类，看间断摄食的习性，通常在猎得食物后暴食一餐然后休息几天。许多哺乳动物能贮藏食物以供荒季之用。啮齿类动物在这方面尤为突出，如田鼠能储存谷物及植物根类。

5.1.2.6　食性的季节变化和地理变异

哺乳动物的食性因季节不同或地理的差异而有一定的变化。尤其我国地处温寒带，气候条件变化大，四季明显，植物和动物的物候期同步出现，兽类的食性也就随之出现较大的变化。如我国秦岭的黑熊，其食物组成的季节性变化极为明显：仅于3—4月当植物性食物缺乏时，才较多地捕食动物，而5—6月则以食黎果为主，7—9月常侵入农田盗食玉米、豆类，10—11月以森林中的坚果为食。此外，分布广泛的种类，在不同地区采食食物的种类差异很大。尤其分布在高纬度地带的种类，由于气候较寒冷，往往需要高卡能的食物。如普通田鼠在南方只有个别的胃内有种子，往北则19%的胃中有种子，再往北26%的胃中有种子。

5.1.3 哺乳动物食性的研究方法

5.1.3.1 野外直接观察

直接观察野外动物的采食情况或按足迹跟踪观察。该方法主要适用于一些白天活动的鼠类和有蹄类。

5.1.3.2 野外观察分析法

根据野外观察到的啃食痕迹、储存物、粪便等分析兽类食物成分。如粪便分析法常用于食肉类动物的分析。收集粪便标本时，首先观察其外形、堆数、新鲜度、周围足迹及其他痕迹，判明是何种动物的粪便，其次在卡片上标明日期、地点、生境、种名，放入收集袋，带回实验室。在实验室进行分析时，先将粪便水解，根据其中残剩可辨的骨骼、牙齿、毛、羽毛及昆虫残片等，分别计算其中成分的数量。

5.1.3.3 胃含物分析法

此法指逐月或按一定间隔时间捕杀一定数量的活兽类，剖胃检查，分析并记录其所含成分。胃含物如果尚未消化或未完全消化，则区分种类和计数较容易做到；如果食物已经被胃液消化或多半消化，只能根据食糜的颜色、形状、气味等进行推断。此法多用于小型鼠类，也适用于某些食肉类和有蹄类动物以及鹿科动物，但对大型动物的标本不易有目的、有计划地成批获得，有一定的局限性。

5.1.3.4 饲养实验法

此法不仅可以提供哺乳动物的采食活动、食物组成资料，而且可以测定食量和观察喜食度。根据实验研究的目的和实际条件，施行方法较多，如研究鼠类食性时，可用笼养；对于有蹄类，在有条件的地方，可带幼鹿去野外，观察其自由采食的情况。此法已为实验研究者广泛采用。

5.2 哺乳动物的繁殖

在野外实习中，通过野外观察哺乳动物的繁殖习性和行为，初步掌握兽类繁殖的一般规律以及认识兽类繁殖规律和人类的关系。

5.2.1 巢区和领域

许多哺乳动物季节性地或固定地在一定的场所活动。巢区是指动物活动、交配和照料幼仔的一定区域，可以允许部分重叠。巢区内通常有一块防御其他成员（尤其是同性个体）进入的区域，这块神圣不可侵犯的更小范围被称作领域。领域不存在重叠现象。巢区或领域关系到该动物在一定栖息地内的数量，影响该动物在一定栖息地内合理分布。如保证食物基地，利于觅食；环境熟悉，利于逃避捕食者等。总之，巢区和领域对于种群的发展和进化、物种的繁衍是有利的。巢区和领域范围在不同地区或同一地区不同个体之间也有很大变化，这不仅和性别有关，也与年龄强弱有关，并随季节更换、食物的丰富度等生态条件的不同而有所差异。

研究巢区和领域常用标志流放法。由于哺乳类的巢区和领域的变化幅度较大，根据工作目的、当地条件和研究对象的不同进行操作：选择样地—标志编号（剪趾法或兽毛染色法等）—原地放回—重捕记录。在不同时期、不同地点里捕若干次，最后可以绘制该种的巢区和活动范围。

随着科学技术的发展，近年来已开始用放射性同位素标志、微型无线电信号跟踪等方法确定其活动范围，对于一些巢区和领域较大的食肉动物更为适用。

5.2.2　巢穴

巢穴主要是动物繁殖、育仔的处所，亦为一些动物隐蔽、休息、睡眠等的栖息地。许多哺乳动物的巢穴或季节性或固定性，常因种类而不同。灵长类的巢穴多在树上；食虫类及啮齿类的一些种类在树洞内用软草团做巢；大熊猫无固定的巢穴，产仔时在树洞内用树枝及苔藓筑巢；大型草食动物一般过漂泊生活，无固定的巢穴，幼仔发育很快，出生后不久，就能随母兽各处奔跑。

实习中观察到的不同巢穴，可作为研究兽类不同繁殖特性的依据之一。

5.2.3　性别和性别比

哺乳动物一般外形上均为两性同形或接近同形，有些种类亦有区别，如有些种类雄性具有特殊的性况：体较大（海豹）、犬齿较粗（海象）、体侧皮肤较厚（猪）、有角（鹿）、有香腺（麝）、角较大（山羊）以及皮肤和毛的颜色等区别于雌性。实习中对于常见兽类雌雄的辨别，还可以直接观察外生殖器部分。一般雌性的阴门位于体后部肛门之下，雄性的尿殖器官在腹部后方，成熟雄性的阴囊外露（通常在鼠蹊部）。

种群的性别比是动物种群的一个重要特性，与种群的繁殖力和数量有关。哺乳类的性别比通常为 1∶1，但不同种类的性别比有变化，有一些种类的雄性显著多于雌性。

5.2.4 繁殖的季节性

一般而言，繁殖期是指雄性动物从求偶活动开始直到雌性动物产仔的一个时期。由于哺乳动物各物种的生理特征和生殖方式受各种因素的影响和制约，其繁殖期及长短有极大的差别。这些差异主要反映在动物的发情季节和怀孕期长短方面。一般来说，无论春季繁殖或是秋季繁殖，它们的产仔期都是在植被良好、食物丰富的时期，使幼仔得到正常的生长，以提高成活率。

5.2.5 种群年龄组成及年龄鉴别

种群年龄组成是指种群中各种年龄阶段的个体数目在其种群中所占的比例。种群的年龄组成不仅是种群的重要特征，而且还影响着该动物种群的繁殖能力。一个稳定的种群其年龄组成的分布比较适中，如果其原有年龄组成遭到破坏，种群能通过出生率和死亡率的调节，使得该种群恢复正常。

对哺乳类动物年龄的划分，特别是对某些小型哺乳类动物年龄的划分是比较困难的，通常研究哺乳类年龄只是鉴别其相对年龄。常用的年龄鉴别方法，主要是根据以下几个方面的变化：

（1）牙齿。牙齿的生长和更换有一定的顺序和规律性。如：根据有蹄类牙齿的生长状况，可以判明早期的年龄；由于牙齿的磨损随年龄的增长而变化，根据臼齿的磨损程度可以鉴定鼠类的相对年龄等。近年来，广泛应用于大型、中型偶蹄类和食肉类等动物的年龄鉴定法是根据齿质和齿骨质的生长层来区分年龄段，通过切片和磨片，可以比较确切地鉴定动物年龄。

（2）体重和身长。根据体重和身长指标判定年龄，比较适合于一些小型啮齿类，其随年龄增长而增加体重。此法比较简便、有效而被广泛应用。但对大多数动物来说，这一指标只适合幼年期使用，因为许多动物在达到成年后，体重和身长不再增加。

（3）阴茎骨。所有食肉类，部分灵长类、鼠类、蝙蝠及一些食虫类，其幼年时期和成年时期的阴茎骨在形态上有显著差别，是鉴别雄性成、幼体的有效指标。

（4）眼球晶体。兽类眼球晶体的生长情况在个体之间差异极其微小，而且眼球晶体的生长能保持一生。可用它来测定生命周期较短的兽类年龄。

（5）角。对于永久性角（如牛），可根据角生长的差异来鉴别年龄；对于周期性脱落的角（如鹿），可根据角柄和角冠的生长状况来鉴别年龄。

5.2.6　测定繁殖力

兽类繁殖力的大小取决于性成熟的年龄、怀孕率和胎指数、怀孕期的长短、每年繁殖的次数、一生中能繁殖的年龄等因素。

（1）性成熟年龄。哺乳类达性成熟年龄极不一致，雌性往往略早于雄性。如小型啮齿动物出生后数月，即已成熟，而象则需20—25 年。

（2）怀孕率和胎指数。怀孕率是指调查时所捕获的种群中全部成年雌性个体中正在怀孕的个体在该种群中所占的百分比。胎指数是指在其子宫内肉眼所能看到的胚胎个数。在繁殖期捕获的小型兽类，应进行检查，记录怀孕率和胎指数。

（3）怀孕期的长短。哺乳动物的孕期在相当程度上是与其体积成正比的。如小型啮齿类动物是 18—20 日，兔 1 个月左右，马11 个月，象 20 个月，等等。

（4）每年繁殖的次数。通常哺乳动物一年产仔一次，但许多啮齿类动物在有利的条件下，一年可产若干窝，某些大型兽类，如象等要 3—4 年才产仔一次。

实习中，通过对以上几个方面的观察记录，可以对哺乳动物繁殖力的大小形成一个初步的概念。但应注意的是，实际繁殖力比测算出的繁殖力低得多，这是由于各种原因会使胚胎和幼仔大量死亡。

5.3 哺乳动物的数量统计

哺乳动物的数量状况反映了它们与当地环境条件相互关系的总的生物学结果。野外实习中，统计哺乳动物的数量，不仅可以查明某一种物种的数量和变化情况以及本地的优势种及稀有种等情况，而且对研究保护周围环境有一定的实际意义。

调查许多哺乳动物在大面积范围的绝对数量是很困难的，实习中常常采用相对数量值。野外实习中，至今尚未找到一种适合所有兽类数量调查的统一方法，现介绍几种常用方法，可根据研究目的、具体情况选用或加以改进。

5.3.1 铗日法

铗日法是指一个鼠铗放置一昼夜的捕鼠量。通常以在样地上放 100 只鼠铗一昼夜为统计单位。野外工作程序是：选择样地—检查鼠铗—准备诱饵—布铗—检鼠—统计结果。

铗日法的优点是方法简便易行，不受地形和季节限制，在短期实习中可得到当地鼠类在本同生境中的数量分布资料；缺点是有些鼠类不上铗，尤其在外界食物丰富时捕获率偏低。

5.3.2 洞口统计法

洞口统计法是指计数一定面积上鼠类的洞口数，以统计鼠类数量的方法。野外工作程序是：识别有鼠洞口—选定样地—确定洞口系数（洞口数与鼠数比值）—计算密度（单位面积鼠只数 = 单位面积洞口数 × 洞口系数）。

洞口统计法的优点是适合于开阔地区大面积调查，尤其适用于群居鼠类和大型鼠类，且统计结果接近鼠的绝对数量；缺点是农田、林区不适用，确定准确的洞口系数较困难。

5.3.3 标记回捕法

标记回捕法是指在样地内用笼捕鼠，标记后原地释放，经一定的时间再行捕捉，以捕到标记鼠的百分数来推测该样地内实有鼠数的方法。野外工作程序是：选择样地—布笼捕鼠—标记编号—原地释放—第二次回捕—计算样地内鼠数。

计算方法如下式：$X = \dfrac{M_1(N + M_2)}{M_2}$

式中，

X 为样地内鼠的数量

M_1 为标记鼠数

M_2 为第二次回捕中已标记过的鼠数

N 为第二次回捕中未标记的鼠数

标记回捕法优点是在数量变化不大的季节，统计精确度较高，适于野外实习中鼠类数量统计；缺点是由于种群内雌、雄、成、幼不同个体的活动性和活动性范围不一致，会影响二次回捕的标记鼠数，从而使统计结果的误差增大，且对于数量稀少而活动范围较大的种类不适用。

5.3.4 样地捕尽法

选取具有代表性的样地，采取铗捕、挖洞等极端手段，全部捕尽样地内的鼠类，这种样地捕尽法是取得单位面积内鼠类绝对数量指标的唯一办法。野外工作程序是：选择样地—挖掘防范沟—样地分段挖洞——记录数据。

挖洞捕尽法的优点是可以统计样地鼠数的绝对数量；缺点是

需人力较多，而且在山地或对大洞群的种类来说不适用。

5.3.5　路线统计法

这是在大面积区域内进行大中型动物数量调查的最基本方法。以线路调查为基础，采用路线统计，可以直接计数一定长度路线上遇见的动物实体，也可以计数遇见的雪地足迹，再根据实际调查获得的换算系数，推算动物的实体数。野外工作程序是：确定调查范围内的合理布线—按规定路线调查统计—汇总统计结果。同一路线反复统计2—3次，取其平均数。

路线统计法的优点是很少受生境条件的限制，适合在大面积区域内进行大中型动物数量统计；缺点是足迹路线统计所得的结果，只是在一定路线上或一定面积内的足迹数，不是调查面积区域内的动物只数，有一定的误差。

5.3.6　样地哄赶法

样地哄赶法为单位面积上动物的绝对数量的统计方法。野外工作的程序是：选择样地—预查—哄赶—计数—总结。相同生境，可作2—3个哄赶样地，取其平均数。

样地哄赶法的优点是若哄赶效果好，可得较精确的绝对数量。

此外，还可根据某些大中型兽类有比较固定的活动小区的规律，动物产品收购记录，运用航空直接调查法等进行动物数量统计工作。

6 野外实习课题
研究常用数据统计方法

6.1 数据差异性检验

6.1.1 t 检验

t 检验是用 t 分布理论来推论差异发生的概率，从而比较两个平均数的差异是否显著。分为单总体检验和双总体检验。

单总体 t 检验用以检验一个样本平均数与一个已知的总体平均数的差异是否显著。当总体分布是正态分布，那么样本平均数与总体平均数的离差统计量呈 t 分布。

单总体 t 检验统计量为：
$$t = \frac{\overline{X} - \mu}{\frac{\sigma_X}{\sqrt{n-1}}}$$

其中，

t 为样本平均数与总体平均数的离差统计量

$\overline{X}$ 为样本平均数

μ 为总体样本平均数

σ_X 为样本标准差

n 为样本容量

双总体 t 检验用以检验两个样本平均数与其各自所代表的总体

的差异是否显著。双总体 t 检验又分为两种情况：一是独立样本 t 检验，一是配对样本 t 检验。

独立样本 t 检验统计量为：

$$t = \frac{\overline{X}_1 - \overline{X}_2}{\sqrt{\frac{(n_1-1)S_1^2+(n_2-1)S_2^2}{n_1+n_2-2}\left(\frac{1}{n_1}+\frac{1}{n_2}\right)}}$$

其中，
S_1^2 和 S_2^2 为两样本方差
n_1 和 n_2 为两样本容量

适用条件
（1）已知一个总体均数；
（2）可得到一个样本均数及该样本标准差；
（3）样本来自正态或近似正态总体。

野外动物学实习研究应用举例

例如，t 检验可用于比较一种鸟类物种的雌鸟和雄鸟体长是否存在差异。

为了进行独立样本 t 检验，需要一个自（分组）变量（如性别：雌雄）与一个因变量（如测量值）。根据自变量的特定值，比较各组中因变量的均值。用 t 检验比较下列雌、雄鸟体长的均值。

（1）假设。
H_0：雄鸟平均体长 = 雌鸟平均体长
H_1：雄鸟平均体长不等于雌鸟平均体长
选用双侧检验
选用 $\alpha = 0.05$ 的统计显著水平。

（2）SPSS 统计软件中的数据排列。

被试	性别	体长
对象 1	雄性	11.1
对象 2	雄性	11.0
对象 3	雄性	10.9
对象 4	雌性	10.2
对象 5	雌性	10.4
	雄性体长均数 = 11.0 雌性体长均数 = 10.3	

（3）选择 SPSS 中 compare means—独立样本—t – test。选择"双侧检验"，以及统计显著性水平选用 $\alpha = 0.05$。运行。

（4）从输出结果查看 t 检验的 p 值，是否达到显著水平。是，接受 H_1，即雄性平均体长与雌性平均体长不同；否，接受 H_0，尚无证据支持雌雄鸟体长差异。

（5）最常用 t 检验的情况有以下几种。

单样本检验：检验一个正态分布的总体的均值是否在满足零假设的值之内。

双样本检验：其零假设为两个正态分布的总体的均值是相同的。这一检验通常被称为学生 t 检验。但更为严格地说，只有两个总体的方差是相等的情况下，才称为学生 t 检验；否则，有时被称为 Welch 检验。以上谈到的检验一般被称作"未配对"或"独立样本" t 检验。特别是在两个被检验的样本没有重叠部分时我们会用到这种检验方式，用以检验同一统计量的两次测量值之间的差异是否为零。

6.1.2　方差分析

方差分析（Analysis of Variance，简称 ANOVA），又称"变

异数分析"，用于两个及两个以上样本均数差别的显著性检验。方差分析的基本原理认为不同处理组的均数间的差别基本来源有两个：

（1）实验条件，即不同的处理造成的差异，称为组间差异。用变量在各组的均值与总均值之偏差平方和的总和表示，记作 SS_b，组间自由度记作 dfb。

（2）随机误差，如测量误差造成的差异或个体间的差异，称为组内差异，用变量在各组的均值与该组内变量值之偏差平方和的总和表示，记作 SSw，组内自由度记作 dfw。

总偏差平方和 $SSt = SS_b + SSw$。

组内 SSw、组间 SS_b 除以各自的自由度（组内 $dfw = n - m$，组间 $dfb = m - 1$，其中 n 为样本总数，m 为组数），得到其均方 MSw 和 MS_b。一种情况是处理没有作用，即各组样本均来自同一总体，$MS_b/MSw \approx 1$；另一种情况是处理确实有作用，组间均方是误差与不同处理共同导致的结果，即各样本来自不同总体。那么，$MS_b \gg MSw$。MS_b/MSw 比值构成 F 分布。用 F 值与其临界值比较，推断各样本是否来自相同的总体。

6.1.2.1　分析方法

根据资料设计类型的不同，有以下两种方差分析的方法：

（1）对成组设计的多个样本均值进行比较，应采用完全随机设计的方差分析，即单因素方差分析。

（2）对随机区组设计的多个样本均值进行比较，应采用配伍组设计的方差分析，即两因素方差分析。

两类方差分析的异同：

两类方差分析的基本步骤相同，只是变异的分解方式不同，对成组设计的资料，总变异分解为组内变异和组间变异（随机误差），即 $SS_总 = SS_{组间} + SS_{组内}$，而对配伍组设计的资料，总变异除了分解为处理组变异和随机误差外还包括配伍组变异，即 $SS_{总} = SS_{处理} + SS_{配伍} + SS_{误差}$。

方差分析基本步骤

整个方差分析的基本步骤如下：

（1）建立检验假设；

H_0：多个样本总体均值相等

H_1：多个样本总体均值不相等或不全等

检验水准为 $\alpha = 0.05$。

（2）计算检验统计量 F 值；

（3）确定 P 值并做出推断结果。

6.1.2.2　方差分析的假设检验

方差分析的假定条件

（1）各处理条件下的样本是随机的。

（2）各处理条件下的样本是相互独立的，否则可能出现无法解析的输出结果。

（3）各处理条件下的样本分别来自正态分布总体，否则使用非参数分析。

（4）各处理条件下的样本方差相同，即具有齐效性。

假设有 K 个样本，如果原假设 H_0 样本均数都相同，K 个样本有共同的方差 σ，则 K 个样本来自具有共同方差 σ 和相同均值的总体。

如果经过计算，组间均方远远大于组内均方，则推翻原假设，说明样本来自不同的正态总体，且说明处理造成均值的差异有统计意义；否则承认原假设，样本来自相同总体，处理间无差异。

应用条件：

各样本是相互独立的随机样本。

各样本均来自正态分布总体。

各样本的总体方差相等，即具有方差齐性。

在不满足正态性时可以用非参数检验。

6.1.2.3 方差分析分类举例

一、单因素方差分析

（一）单因素方差分析概念理解步骤

单因素方差分析用来研究一个控制变量的不同水平是否对观测变量产生了显著影响。这里，由于仅研究单个因素对观测变量的影响，因此称为单因素方差分析。

例如，分析不同的食物补充量是否对大山雀的幼鸟成活率产生影响，不同森林类型中啮齿动物的体质水平差异，不同森林类型中大山雀卵重的差异等。这些问题都可以通过单因素方差分析得到答案。

理解单因素方差分析概念的第一步是明确观测变量和控制变量。例如，上述问题中的观测变量分别是幼鸟成活率、体质指数、卵重；控制变量分别为补充食物量、林型。

理解单因素方差分析概念的第二步是剖析观测变量的方差。方差分析认为，观测变量值的变动会受控制变量和随机变量两方面的影响。据此，单因素方差分析将观测变量总的离差平方和分解为组间离差平方和、组内离差平方和两部分，用数学形式表述为：$SS_T = SS_A + SS_E$。

理解单因素方差分析概念的第三步是通过比较观测变量总离差平方和各部分所占的比例，推断控制变量是否给观测变量带来了显著影响。

（二）单因素方差分析原理总结

在观测变量总离差平方和中，如果组间离差平方和所占比例较大，则说明观测变量的变动主要是由控制变量引起的，可以主要用控制变量来解释，控制变量给观测变量带来了显著影响；反之，如果组间离差平方和所占比例小，则说明观测变量的变动不是主要由控制变量引起的，不可以主要用控制变量来解释，控制变量的不同水平没有给观测变量带来显著影响，观测变量值的变动是由随机变量因素引起的。

（三）单因素方差分析基本步骤

（1）提出原假设：H_0——无差异；H_1——有显著差异。

（2）选择检验统计量：方差分析采用的检验统计量是 F 统计量，即 F 值检验。

（3）计算检验统计量的观测值和概率 P 值：该步骤的目的就是计算检验统计量的观测值和相应的概率 P 值。

（4）给定显著性水平，并做出决策。

（四）单因素方差分析的进一步分析

在完成上述单因素方差分析的基本分析后，可得到关于控制变量是否对观测变量造成显著影响的结论，接下来还应做其他几个重要分析，主要包括方差齐性检验、多重比较检验。

（1）方差齐性检验

方差齐性检验是对控制变量不同水平下各观测变量总体方差是否相等而进行的检验。

前面提到，控制变量不同水平下观测变量总体方差无显著差异是方差分析的前提要求。如果没有满足这个前提要求，就不能认为各总体分布相同。因此，有必要对方差是否齐性进行检验。

SPSS 单因素方差分析中，方差齐性检验采用了方差同质性（homogeneity of variance）检验方法，其原假设是：各水平下观测变量总体的方差无显著差异。

（2）多重比较检验

单因素方差分析的基本分析只能判断控制变量是否对观测变量产生了显著影响。如果控制变量确实对观测变量产生了显著影响，还应进一步确定控制变量的不同水平对观测变量的影响程度如何，其中哪个水平的作用明显区别于其他水平，哪个水平的作用是不显著的，等等。

例如，如果确定了不同食物补充量对幼鸟成活率有显著影响，那么还需要了解哪种补充量水平对幼鸟成活率的作用更明显等。掌握了这些重要的信息就能够帮助我们了解食物在决定鸟类繁殖成效中的作用。

多重比较检验利用了全部观测变量值，实现对各个水平下观测变量总体均值的逐对比较。由于多重比较检验问题也是假设检验问题，因此也应遵循假设检验的基本步骤。

多重比较检验方法

a. LSD 法。

最小显著性差异法（Least Significant Difference，LSD）的字面就体现了其检验敏感性高的特点，即水平间的均值只要存在一定程度的微小差异就可能被检验出来。

正因如此，它利用全部观测变量值，而非仅使用某两组的数据。LSD 方法适用于各总体方差相等的情况，但它并没有对犯一类错误的概率问题加以有效控制。

b. S－N－K 法。

S－N－K 方法是一种有效划分相似性子集的方法。该方法适合于各水平观测值个数相等的情况。

c. 其他检验。

先验对比检验。

在多重比较检验中，如果发现某些水平与另外一些水平的均值差距显著，如有五个水平，其中 x_1、x_2、x_3 与 x_4、x_5 的均值有显著差异，就可以进一步分析比较这两组总的均值是否存在显著差异，即 $1/3$（$x_1 + x_2 + x_3$）与 $1/2$（$x_4 + x_5$）是否有显著差异。这种事先指定各均值的系数，再对其线性组合进行检验的分析方法称为先验对比检验。通过先验对比检验能够更精确地掌握各水平间或各相似性子集间均值的差异程度。

趋势检验。

当控制变量为定序变量时，趋势检验能够分析随着控制变量水平的变化，观测变量值变化的总体趋势是怎样的，是呈现线性变化趋势，还是呈二次、三次等多项式变化。通过趋势检验，能够帮助人们从另一个角度把握控制变量不同水平对观测变量总体作用的程度。

二、多因素方差分析

（一）多因素方差分析基本思想

该方差分析用来研究两个及两个以上控制变量是否对观测变量产生显著影响。这里，由于研究多个因素对观测变量的影响，因此称为多因素方差分析。多因素方差分析不仅能够分析多个因素对观测变量的独立影响，更能够分析多个控制因素的交互作用能否对观测变量的分布产生显著影响，进而最终找到利于观测变量的最优组合。

例如：

分析不同食物种类、不同投放量对幼鸟成活率的影响时，可将幼鸟成活率作为观测变量，食物种类和投放量作为控制变量。利用多因素方差分析方法，研究不同食物种类、不同投放量是如何影响幼鸟成活率的，并进一步研究哪种食物与哪种水平的投放量是提高幼鸟成活率的最优组合。

（二）多因素方差分析的其他功能

（1）均值检验

在 SPSS 中，利用多因素方差分析功能还能够对各控制变量不同水平下观测变量的均值是否存在显著差异进行比较，实现方式有两种，即多重比较检验和对比检验。多重比较检验的方法与单因素方差分析类似。对比检验采用的是单样本 t 检验的方法，它将控制变量不同水平下的观测变量值看作来自不同总体的样本，并依次检验这些总体的均值是否与某个指定的检验值存在显著差异。其中，检验值可以指定为以下几种：

观测变量的均值（Deviation）；

第一水平或最后一个水平上观测变量的均值（Simple）；

前一水平上观测变量的均值（Difference）；

后一水平上观测变量的均值（Helmert）。

（2）控制变量交互作用的图形分析

控制变量的交互作用可以通过图形直观分析。

6.2　变量间的相关性分析

6.2.1　相关分析

相关分析（correlation analysis），是研究现象之间是否存在某种依存关系，并就具体有依存关系的现象探讨其相关方向以及相关程度，研究随机变量之间的相关关系的一种统计方法。相关关系是一种非确定性的关系。例如，以 x 和 y 分别记一种蜥蜴的活动性和温度，则 x 与 y 显然有关系，而又没有确切到可由其中的一个去精确地决定另一个的程度，这就是相关关系。

线性相关分析：研究两个变量间线性关系的程度。用相关系数 r 来描述。

正相关：如果 x、y 变化的方向一致，如蜥蜴活动性与温度的关系 $r>0$；一般地，

$|r|>0.95$，表明存在显著性相关；

$|r|\geqslant0.8$，表明高度相关；

$0.5 \leqslant |r| < 0.8$，表明中度相关；

$0.3 \leqslant |r| < 0.5$，表明低度相关；

$|r| < 0.3$，表明关系极弱，两者不相关。

负相关：如果 x、y 变化的方向相反，如吸烟与肺功能的关系，$r < 0$；

无线性相关：$r = 0$。

如果变量 y 与 x 间是函数关系，则 $r = 1$ 或 $r = -1$；如果变量 y 与 x 间是统计关系，则 $-1 < r < 1$。

r 的计算有三种：

①Pearson 相关系数：对定距连续变量的数据进行计算。

②Spearman 和 Kendall 相关系数：对分类变量的数据或变量值的分布明显非正态或分布不明时，计算时先对离散数据进行排序或对定距变量值排（求）秩。

实际上，对任何类型的变量，都可以使用相应的指标进行相关分析。也就是说，只要有各种参数，就可以对适合它们的变量进行分析。

相关计算的其他系数：

（1）对于有序变量，最常用的还有 Gamma 统计量，取值介于 1 到 -1 之间，取值为 0 时，代表完全不相关。其实，对于任何相关系数，一个万能公式就是：如果越接近 0，代表越不相关，越接近 1，代表越相关。

在 SPSS 中，各种变量都被分到各个栏中，下面对应着各种统计量。这部分操作是："描述统计"—"交叉表"—"统计量"。需要注意的是，虽然都是复选框，但是，也不能乱选，主要看想要分析的究竟是什么类型的变量。

（2）偏相关分析，研究两个变量之间的线性相关关系时，控制可能对其产生影响的变量。

（3）距离分析，是对观测量之间或变量之间相似或不相似程度的一种测度，是一种广义的距离。分为观测量之间距离分析和变量之间距离分析。

不相似性测度：

a. 对等间隔（定距）数据的不相似性（距离）测度可以使用的统计量有 Euclid 欧氏距离、欧氏距离平方等。

b. 对计数数据使用卡方。

c. 对二值（只有两种取值）数据，使用欧氏距离、欧氏距离平方、尺寸差异、模式差异、方差等。

相似性测度：

a. 等间隔数据使用统计量 Pearson 相关或余弦。

b. 测度二元数据的相似性使用的统计量有 20 余种。

6.2.2　回归分析

回归分析（regression analysis）是确定两种或两种以上变量间相互依赖的定量关系的一种统计分析方法。运用十分广泛，回归分析按照涉及的变量的多少，可分为一元回归和多元回归分析；按照因变量的多少，可分为简单回归分析和多重回归分析；按照自变量和因变量之间的关系类型，可分为线性回归分析和非线性回归分析。如果在回归分析中，只包括一个自变量和一个因变量，且二者的关系可用一条直线近似表示，这种回归分析称为一元线性回归分析。如果回归分析中包括两个或两个以上的自变量，且自变量之间存在线性相关，则称为多重线性回归分析。

1. Linear Regression 线性回归

它是最为人熟知的建模技术之一。线性回归通常是人们在学习预测模型时首选的技术之一。在这种技术中，因变量是连续的；自变量可以是连续的，也可以是离散的；回归线的性质是线性的。

线性回归使用最佳的拟合直线（也就是回归线）在因变量（y）和一个或多个自变量（x）之间建立一种关系。

多元线性回归可表示为 $y = a + b_1x_1 + b_2x_2 + e$，其中 a 表示截距，b 表示直线的斜率，e 是误差项。多元线性回归可以根据给定的预测变量（s）来预测目标变量的值。

2. Logistic Regression 逻辑回归

逻辑回归是用来计算"事件 = Success"和"事件 = Failure"的概率。当因变量的类型属于二元（1/0，真/假，是/否）变量时，我们就应该使用逻辑回归。这里，y 的值为 0 或 1，它可以用下方程表示。

$odds = p/(1 - p)$ = probability of event occurrence/probability of not event occurrence

$\ln(odds) = \ln(p/(1 - p))$

$\text{Log}_i t(p) = \ln(p/(1 - p)) = b_0 + b_1x_1 + b_2x_2 + b_3x_3 \cdots\cdots + b_kx_k$

上述式子中，p 表述具有某个特征的概率。你应该会问这样一个问题："我们为什么要在公式中使用对数 log 呢？"

因为在这里我们使用的是二项分布（因变量），我们需要选择一个对于这个分布最佳的联结函数。它就是 $\text{Log}_i t$ 函数。在上述方程中，通过观测样本的极大似然估计值来选择参数，而不是最小化平方和误差（如在普通回归使用的）。

3. Polynomial Regression 多项式回归

对于一个回归方程，如果自变量的指数大于 1，那么它就是多项式回归方程。如下方程所示：

$$y = a + bx^2$$

在这种回归技术中，最佳拟合线不是直线，而是一个用于拟合数据点的曲线。

4. Stepwise Regression 逐步回归

在处理多个自变量时，我们可以使用这种形式的回归。在这种方法中，自变量的选择是在一个自动的过程中完成的，其中包括非人为操作。

这一方法是通过观察统计的值，如 R – square，t – stats 和 AIC 指标，来识别重要的变量。逐步回归通过同时添加/删除基于指定标准的协变量来拟合模型。下面列出了一些最常用的逐步回归方法：

标准逐步回归法做两件事情，即增加和删除每个步骤所需的预测。

向前选择法从模型中最显著的预测开始，然后为每一步添加变量。

向后剔除法与模型的所有预测同时开始，然后在每一步消除最小显著性的变量。

这种建模技术的目的是使用最少的预测变量来最大化预测能力。这也是处理高维数据集的方法之一。

7 野外实习论文写作指导

7.1 野外实习论文特点

野外实习往往食宿在野外，生活、调查、研究条件受限，时间不会很长。集体活动，对学生吃苦耐劳、自我管理能力要求较高。所以，仅仅依靠野外实习的时间是不够的，尚须在实习动员之前，开始着手准备实习选题、实习器材和仪器、文献综述等。

因此，野外实习论文的写作，包括实习前的准备、实习过程中问题的发现、实习后的完善和修订。实习前的准备，需要提前与指导教师讨论，确定好实习选题，对实习选题的要求、技术方法应用以及研究框架有深入的认识。还需要针对研究内容进行深入而广泛的文献综述，根据文献综述撰写调查研究方案。在实习过程中，可能会发现新的现象和问题，如果出现这种情况，需要与指导老师进行沟通讨论，完善和修订研究方案。实习论文的撰写，也应当逐日积累，不可一蹴而就，既要随时总结每日的调研结果，也要及时发现问题、解决问题，以免实习结束后对发现的问题无法解决。实习后论文的撰写，主要是针对实习期间论文草稿的修订和完善。有些学校要求学生在实习基地或实习现场进行汇报，或者提交实习论文，甚至需要当场进行论文的修订和完善。

7.2 野外实习论文写作的目的和意义

撰写野外实习论文是高等学校对学生整个野外实习过程的一个综合性考查，是对学生的培养质量和综合水平的一个总体检验，实习论文质量的好坏是评价高校教学水平质量高低的一个重要标准。野外实习论文写作，可以使大学生熟悉科学技术研究论文写作的基本方法、基本的论文格式与规范，初步了解科研创作的一些技巧，了解本专业方向的一些研究内容，掌握文献资料查找的基本方法。

野外实习论文是学术论文的一种，是实习考核的重要依据。实习论文是作者在野外实习过程中，通过调查研究，取得创造性发现或有了新的见解，并以此为基本内容撰写而成的，是用以评价实习质量的学术论文。

高校要求本科学生综合运用所学基础理论、专业知识和基本技能，进行学术研究工作的初步训练，为毕业论文以及未来研究打好基础。通过专业实习论文的写作，要求学生具备以下能力：

（1）为解决问题或研究现象，进行文献综述，设计调查研究方案，开展调查研究的能力。

（2）进行野外调查研究，对文献、资料、信息进行获取及独立分析的能力。

（3）综合运用所学的理论知识和专业技能，发现和解决实际问题的能力。

（4）较好地掌握本门学科的基础理论、专门知识和基本技能，进行方案设计、方案可行性论证的能力。

（5）培养创新意识和创新精神，继承和发现、探索与创造的能力。

（6）使用计算机（包括索取网络信息、计算机绘图、数据处理、多媒体软件应用等）的能力，进行专业外文阅读、翻译和写作的能力。

（7）能应用专业知识和技能，进行野外观察、调查、分析和总结的能力。

（8）撰写论文（设计）或专项研究的能力，论文报告和交流时的口头表达能力。

7.3　野外实习论文写作的一般步骤

野外实习论文通常是一篇较长的有文献资料佐证的学术论文，一般需要较长时间。要完成一篇野外实习论文，一般需要经过论文选题的确定、论文提纲的拟定、论文撰写几个步骤，其中，文献检索、总结分析在第一、第二阶段至关重要，而数据收集、结果分析则在撰写过程至关重要。因此，实习论文需要在实习出发之前的准备阶段，进行前期资料搜集、文献综述、研究方案拟订等。

具体来说，野外实习论文写作包括以下步骤：

（1）论文选题根据专业知识，结合野外实习基地情况，确定调研题目。

（2）拟订调研方案，做好调研计划和可行性分析，包括以下内容。

通过搜集得到的材料一开始没有必要都通读，可以先翻翻目录或索引，找出与野外实习论文题目有关或紧密相连的章节。通过泛读，大致了解与本论题有关的研究现状和前景，避免重复别人的工作。在这些过程中，有几样事情需要做：概括出与野外实习论文题目有关的研究现状，整理出野外实习论文提纲或大致思路，熟悉基本的野外实习论文格式与写作规范。

（3）根据调研方案，开展野外实习课题研究。这主要是自然科学使用的研究方法。通过观察、实验，我们可以取得重要的数据和材料，经过分析、综合，使感性认识上升到理性认识，从而检验和发展科学理论。

（4）进行调研结果的总结分析，撰写实习论文。这是研究中最富有创造性的阶段。它是由一系列既相互区别又密切联系着的方法组成的，其中主要有：归纳和演绎，分析和综合，从具体到抽象，再从抽象到高级的理性认识。整个过程相当于一篇议论文的论证过程，通过这个过程得出结论。我们写作时要注意得出结论的过程要清楚明了，结果要有来龙去脉。针对我们的实际情况，初次尝试论文写作的时候应尽可能选择数据分析类的题材，这是最简便的论文题材，通过对某些数据的分析得出一些理论上的结论。

（5）做好实习论文的修订和润色工作。

7.4 实习论文的选题

7.4.1 选题的方法

选题在学术论文写作中具有头等重要的意义。这是因为，只有研究有意义的题目，才能获得好的效果，同时对发展自己兴趣爱好、拓展专业知识、进行科研训练和职业未来定位有益处；而一项毫无意义的研究，即使研究得再好，论文写作得再美，也是没有科学价值的。

选题是实习论文写作工作的起步，选题是确定实习调研主攻方向的问题。能否选择恰当的题目，对于整篇论文写作是否顺利，关系极大。选择题目恰当与否，直接关系到科学研究进行的快慢、成效的大小，乃至成功还是失败。选题的逻辑顺序是：发现问题—选择方向—调查研究—分析论证—确定题目。

野外实习论文选题，可以分为三种方式：自由提出题目，导师和学生共同讨论拟定题目，导师指定题目。

（1）自由提出题目

野外实习论文题目不是一下子就能够确定的。在野外实习论文选题过程中，应做好前期准备工作。一些大学生在写作野外实习论文时，基本上没有自由提出选题这一步，而是根据指导教师所定的题目，在网上查找几篇相关的文献，以为已经掌握了论文写作的要点。这样写出来的野外实习论文其质量可想而知，这就失去了野外实习论文写作的意义。学生要想写出高质量的野外实习论文，首先要求自己已经掌握了相关专业基本知识，同时对一些问题和现象有创新性的想法，或者对教材中没有提及的问题感兴趣，这就需要进行野外观察论证，这种选题是基于自己的迫切愿望和期待，是最原始的创新探索，是值得鼓励的，也是最适合的选题方法。

自主选题时，学生常常觉得难以把握选题深度和范围。若选择的野外实习论文题目范围较大，则写出来的野外实习论文内容比较空洞，难以结合实际；而若选择的野外实习论文题目范围过于狭窄，又难以查找相关文献资料，会让人感到无从下手。对于野外实习论文题目的确定，通常可以采取先选出一个大的研究方向，再围绕该研究方向查找文献资料，通过阅读、思考、分析材料，逐渐把野外实习论文题目范围缩小的方法。

（2）导师和学生共同讨论拟定题目

该方法论文的题目一般由学生和导师共同讨论拟定。学生可以通过阅读介绍材料及导师近年来发表的论文，通过与导师讨论来了解他目前从事的研究方向。导师通过讨论了解学生的兴趣、特长和调研能力，根据目前研究基础或实验条件提出一些可能的研究题目，也可以由学生提出题目，经过讨论确定选题。由于本科生此前主要是基础知识的学习，因此导师应对题目的创新性、可行性进行把关。

（3）导师指定题目

这种情况是由于导师已经进行了调研，有前期实习经验和基础，对学生实习论文状况有一定的了解和把握，结合实习项目、实习课题和实习任务要求，拟出若干实习论文题目。学生在指导老师的备选题目中进行选择，结合兴趣爱好、专业知识，对指导老师提出的题目进行深入分析，充分了解选题题目的要求，进行选题。

7.4.2 选题的原则

（1）选择有一定专业学术意义的题目。例如，亟待解决课堂、书本上难以理解掌握的知识，需要在野外实习中发现的内容；题目中有一定的新发现、新创造，而不是纯粹的理论野外验证；或者是课堂教学上的短缺或空白的内容；等等。

（2）选择有兴趣的题目。野外实习条件比较艰苦，需要课题小组的共同努力，自我兴趣爱好和热情也是完成研究小课题的动力。

（3）选择大小适中、难易适度的课题。因为实习时间、地点有限，论文选题要有新意，要有限度，不要范围过大，不要给论文加上太大的帽子，要和实际野外实习地点、内容匹配。

（4）选择资料、时间有利的课题。例如，已经获得一定的资料，对研究题目有一定了解，能够在一定时间内完成。

7.4.3 选题的注意事项

（1）选题确定之前，要查阅文献资料。目的在于了解本课题的研究历史与现状，明确本课题过去已经进行了哪些研究，有什么成果；了解本学科的研究现状，以便弄清现阶段的研究达到了什么程度，以及哪些问题尚未得到解决。文献来源可以是一些本专业学术期刊，从那里了解当前的论文水准和要求，也可以网上查询。

（2）发挥想象力进行积极的思考。在查阅文献资料进行分类整理的过程中，大脑的思维就已经开始工作。论文作者应该充分运用自己的思考力（分析、综合、归纳、分类、类推等），对文献资料进行积极的加工，这是一种创造性的想象，缺少它就得不到新的题目。在阅读资料进行思考的同时，既要注意对资料的记录，更要注意对思考的记录，尤其是对突然来临、转瞬即逝的灵感的记录。

（3）注意野外实习地点的条件限制和带队实习老师的要求。应尽量避免以下情况发生：受开展课题研究所需仪器、设备、材料、经费的限制，野外实习论文工作难以按计划的规模和时间进行和完成；课题题目覆盖内容过大、过多，难以在本科野外实习论文规定的期限内完成。

7.5　文献综述的撰写

野外实习论文通常是一篇有文献资料佐证的学术论文，是高等学校生态学或者生物学专业本科生提交的有一定学术价值和学术水平的文章。它是大学生从学习理论基础知识到从事科学技术研究与创新活动的最初尝试。无论做哪个方向的野外实习论文，在确定了课题后都要首先进行文献调研，撰写文献综述。学生在野外实习论文写作之前需要查找大量的文献资料，文献资料的查找对一篇野外实习论文写作的成功至关重要。一个人读的书越多、查找的资料越全面，专业水平就越高，创造性的思考可能性就越大，写出来的论文质量就更高。因此，大学生在写作野外实习论文时，首先要学会如何检索文献资料，懂得文献查找的方法与技巧。

文献综述主要依据选题，对某个方向进行调查研究。它以文献阅读为主，要求对该方向的最新进展有较全面的认识，并对其过去的发展过程有较系统的了解。在此基础上综述其理论成果、实验依据、尚待解决的问题，同时应该提出自己的见解，以及对某些具体研究的体会。应该指出的是，文献综述应针对前沿问题，而不是对某一本或若干本书的读书报告。撰写文献综述前应了解国内外前人在自己所要进行的课题研究工作方面已经做了些什么研究工作，是怎样做的，做到什么程度，取得了哪些成果，留下了哪些有待解决而尚未解决的问题，了解国内外现在还有哪些学者也正在开展与自己课题相近的或相关的研究工作。然后在此基础上撰写全面、深入的文献综述，修订基于前人工作基础上的、自己的、切实可行的调研方案。

文献资料的查找也就是文献资料的检索，它是现代科技人员获取文献和信息的主要手段之一，同时也是大学生写作野外实习论文获取资料的主要方法。图书馆查找资料是常用的方法，但是这种方法的问题就是需要提前做好准备工作，避免浪费时间。因为图书馆资料汗牛充栋，庞杂繁复，许多学生由于不会查找文献，而找不到相应的文献资料，影响了他们的野外实习论文（设计）的质量，有的甚至做了重复前人工作的劳动。造成这种情况的主要原因是大学生缺乏动手获取文献情报的能力。因此，大学生们认识有关野外实习论文写作与文献资料的关系以及学会文献查找的方法和技巧，会利用相关工具去检索自己所需资料是很有必要的。

文献检索来源包括以下五类：

（1）科学学术期刊。科学学术期刊是一种具有固定名称的、按一定出版周期出版的连续出版物，一般有统一的版式，用连续的卷、期号和年号标志时序，页码按卷统编，每期刊登多篇学术论文。

（2）会议文集。在学术会议上，学者们报告和交流本学科领域最新的重要的研究进展和成果，报告的学术论文包括研究进展的专题综述报告和研究成果论文，将这两类在学术会议上报告和交流的学术论文汇集、整理、编辑、正式出版的论文集称为会议文集。

（3）学位论文。学位论文是学生为获得学位，在导师指导下开展研究撰写的学术研究论文。学位论文是授予学位的重要依据。已通过的学位论文一般不公开出版发行，可以向保存学位论文的单位查找。有的学位论文随后整理成科学成果论文在学术期刊上发表，则可以直接在科学学术期刊上查找。

（4）科学著作。在开展科学研究时需要参阅的科学著作有四类：教科书、学术专著、专题综述报告、技术资料手册。

（5）文摘索引。文摘索引是把某一学科在各科学学术期刊上刊出的各科学论文的作者、题目、内容提要汇集起来，按一定编辑规则定期出版的一类期刊。它集中报道了各学科最新发表的科学论文的重要信息，是开展科学研究，进行文献检索的重要工具。

图书馆及其他文献信息机构收藏的文献资料有很多种类，随着因特网（Internet）的流行，现在图书馆有很多电子期刊数据库可供选择。电子期刊数据库不但检索种类齐全，而且速度快，是当今科技人员资料查找的首选。

下面简单介绍几种目前用得较多的电子期刊数据库：

（1）中国知识基础设施工程网（CNKI数据库）。它是由清华同方光盘股份有限公司和清华大学中国学术期刊（光盘版）电子杂志负责牵头实施的。

（2）万方数据资源系统。它是由中国科技信息研究所、万方数据集团公司开发的建立在互联网上的大型中文网络信息资源系统。它由面向企业界、经济界服务的商务信息系统，面向科技界的科技信息子系统及数字化期刊子系统组成。网址为http：//www. wanfangdata. com. cn 或 http：//www. chinainfo. gov. cn。科技信息子系统是集中国科技期刊全文，中国科技论文与引文、中国科技机构与中国科技名人的论文等近100个数据库为一体的科技信息群。数字化期刊子系统使得用户可在网上直接获取万方新提供的部分电子期刊的全文。

（3）中国科技期刊数据库。它是由重庆维普咨询公司开发的一种综合性数据库，也是国内图书情报界的一大知名数据库。它收录了近千种中文期刊和报纸以及外文期刊，其网址为 http：//cqvip. com。

（4）科学引文索引（Science Citation Index，SCI），美国。SCI是由美国科学信息研究所于1961年创办的引文数据库。包括自然科学、生物、医学、农业、技术和行为科学等，主要侧重基础科学。所选用的刊物有10000多种，来源于94个类、40多个国家、50多种文字，这些国家主要有美国、英国、荷兰、德国、俄罗斯、法国、日本、加拿大等。该数据库也收录一定数量的中国刊物。SCI已逐渐成为国际公认的反映基础学科研究水准的代表性工具，由此，世界上大部分国家和地区的学术界将SCI收录的科技论文数量的多寡，看作是评判一个国家的基础科学研究水平及其科技实力的指标之一。

（5）爱思唯尔（Elsevier），荷兰。一个向全球科技和医学学术群体提供出版服务、每年出版2000多种期刊和2200种新书的国际化多媒体出版集团。爱思唯尔的产品与服务包括期刊、图书专著、教科书和参考书的纸版和电子版，出版领域涵盖医学、生命科学、自然科学和社会科学等。

（6）施普林格（Springer – Verlag），德国。Springer 是世界上著名的科技出版集团，通过 Springer Link 系统提供其学术期刊及电子图书的在线服务，该数据库包括了各类期刊、丛书、图书、参考工具书以及回溯文档，可以访问、下载 1997 年至今的 1375 种 Springer 电子期刊全文，下载 2008—2010 版权年 Springer 出版的约 11027 种英文电子书。这些期刊和图书分为 13 个学科：建筑和设计；行为科学；生物医学和生命科学；商业和经济；化学和材料科学；计算机科学；地球和环境科学；工程学；人文、社科和法律；数学和统计学；医学；物理和天文学；计算机职业技术与专业计算机应用。

以上简单介绍的几种数据库在一般高校的图书馆里都可以查到。关于电子期刊文献资料的查找，可以分为两个层次：基本查找和追踪查找。所谓文献的基本查找是指文献的题目或内容一般无从知道，只知道该文献大致属于哪一个学科或者属于某一方面，或者只知道某些关键词；追踪查找则大致知道文的题名、出处或者作者等相关信息。两个层次的查找方式有一些区别，下面做分别介绍。

对于电子期刊资料的基本查找，以中央民族大学网站为例，先进入学校图书馆主页，点击常用数据库下方的 CNKI 中国学术期刊网，选择中国期刊全文数据库，以默认的账号和密码登录，在检索项中有篇名、作者、关键词、机构、中文摘要、引文、基金、全文、中文刊名等选项。一般说来，初次使用者最好选择"篇名"项，通过它查找得到的文章与论文题目比较接近，容易查找到相关的文章。如果要查找某个作者的文章，则可以选择"作者"选项。比如，动物学专业的学生需要写作有关"大山雀繁殖生态"方面的文章，可以在篇名选项中输入"大山雀"，按"检索"选项，则在搜索结果中可出现近 64273 篇与此有关的文章。很显然，对万余篇文章来说，我们不可能一一下载，更不可能一一去看，这时候就要有所选择。因此，根据研究题目，还应当缩小搜索范围。在"结果中检索"栏目中选择检索项"篇名"，输入检索词"植物"，点击"二次检索"，则在收索结果中可出现 76 项结果。如果对其中一篇文章感兴趣，单击该文章题名后，点击"CAJ 原文下载"按钮，则可将文章下载到自己的电脑上，再下载文章阅读器软件 CAJVIEWER7.2 并进行安装后，就可以打开并阅读所下载的文章了。

对于电子期刊资料的追踪查找，由于这时候我们基本上掌握了要查找的文献资料的一些信息，相对来说要比基本查找容易一些。比如，我们在读了文献《大山雀繁殖生物学》后，想要了解更深层次的内容，则可以进一步检索该文后参考文献中的文献。如果想知道文献《大山雀的领域行为》的作者关于鸟类繁殖生物学的研究成果，可以在检索条件中选择"作者"，输入该文章的作者名字"李元"，点击检索，就会出现 2314 条有关该作者的文章。之后则需要进一步缩小检索范围，键入该作者的单位，得到该作者的文献。

一般来说，关于电子期刊文献资料的检索往往结合两个层次的检索方法效果会更好。另外，关于书籍资料和博硕士学位论文、会议论文的检索，其检索方法基本上相同，只是所使用的数据库不一样罢了。所以，为了写好本科野外实习论文，从野外实习论文选题到文献资料的查找，都应当掌握一定的方法，才会收到事半功倍的效果。

文献综述写作注意事项：

（1）搜集文献应尽量全。随便搜集一点资料就动手撰写是不可能写出好的综述的，甚至写出的文章根本不能成为综述，应至少引用 30 多篇的参考文献。

（2）注意引用文献的代表性、可靠性和科学性。在搜集到的文献中可能出现观点雷同的情况，有的文献在可靠性及科学性方面存在着差异。

（3）引用文献要忠实于文献内容。由于文献综述有作者自己的评论分析，因此在撰写时应分清作者的观点和文献的内容，不能窜改文献的内容。

（4）参考文献不能省略。有的研究论文可以将参考文献省略，但文献综述绝对不能省略。

（5）杜绝"抄袭"现象。这是本科综述性论文中存在的最严重的问题。

抄袭现象包括：引用他人文献中资料、数据和观点等，未做直接标注超过5处，或者该类不规范写作的篇幅累计超过总篇幅的10%者。

7.6 野外实习论文的基本组成

1988年1月1日起实施的国家标准《GB7713—87科学技术报告、学位论文和学术论文的编写格式》对科技论文的撰写和编排格式做了规定。此外，还有《文献编写规则》（GB6447—86）、《文后参考文献著录规则》（GB7714—87）等也做过规定。尽管各篇论文的内容千差万别，不同作者的写作风格各有千秋，但格式完全可以统一。因此，在论文提交前一定要严格按照格式对论文进行整理。

科技论文的组成部分和排列次序为：

（1）文章标题

（2）作者姓名及专业班级

（3）指导教师姓名及单位

（4）摘要

（5）关键词

（6）对上述 5 个部分的英文翻译

（7）引言

（8）正文

（9）研究地点与方法

（10）研究结果与分析

（11）讨论、结论与建议

（12）致谢

（13）参考文献

7.7　撰写野外实习论文的过程

7.7.1　论文标题

题名又称题目或标题。题名是以最恰当、最简明的词语反映论文中最重要的特定内容的逻辑组合，是对论文内容的高度概括，用来揭示文章主题和中心内容，可分为总标题、副标题、分标题等。总标题是标明论文中心内容的短语或句子，副标题是对总标题内容的补充，分标题是论文的段落标题。论文题目是一篇论文给出的涉及论文范围与水平的第一个重要信息，题目的要求是：准确得体、简短精练、醒目。拟定标题，一般要求简明、具体、确切地表达论文的特定内容。总标题以不超过 20 个字为宜。拟定标题的要求如下。

（1）准确得体

要求论文题目能准确表达论文内容，恰当反映所研究的范围和深度。常见毛病是：过于笼统，题不扣文。关键问题在于题目要紧扣论文内容，或论文内容与论文题目要互相匹配、紧扣，即题要扣文，文也要扣题。这是撰写论文的基本准则。

（2）简短精练

题目的字数力求少，用词需要精选。一般希望一篇论文题目不要超出 20 个字。若简短题名不足以显示论文内容或反映出系列研究的性质，则可利用正、副标题的方法解决，以加副标题来补充说明特定的研究方法及内容等信息，使标题既充实准确又不流于笼统和一般化。

（3）醒目

论文题目虽然居于首先映入读者眼帘的醒目位置，但仍然存在题目是否醒目的问题，因为题目所用字句及其所表现的内容是否醒目，其产生的效果是相距甚远的。有人曾对 36 种公开发行的学术科期刊的论文的部分标题，做过随机抽查统计分析，从中筛选 100 条有错误的标题。在 100 条有错误的标题中，属于"省略不当"错误的占 20%；属于"介词使用不当"错误的占 12%。（要求题目符合语文语法规范，不要犯语法规范错误）

7.7.2　论文摘要

摘要是对论文内容高度客观且不加注释和评论的简短陈述。而且不必阅读论文全文即能获得必要的信息。应体现目的、方法、结果与结论，并以动宾词组结构形式行文为佳。摘要应单独成文，不加注释和评论；应表述文章主要内容，有利于读者快速了解和检索到所要了解或关心的内容。200—300 字为宜。不应有所引用的参考文献出现，一般不应有第一人称的语句出现。

摘要应包含以下内容：目的、方法、对象与内容、结果、结论。

目的：研究、调查等的前提、目的和任务，所涉及的主题范围；从事这一研究的目的和重要性。

方法：所用的原理、理论、统计方法。

对象与内容：研究的对象，研究的主要内容，指明完成了哪些工作。

结果：实验的、研究的结果，数据，被确定的关系，观察结果，得到的效果、性能等；总结获得的基本结论和研究成果，突出论文的新见解。

结论：对结果的分析、研究、比较、评价、应用，提出的问题，今后的课题，假设、启发、建议、预测等。

论文摘要虽然要反映以上内容，但文字必须十分简练，内容亦需充分概括，篇幅大小一般限制其字数不超过论文字数的5%。例如，对于一篇6000字的论文，其摘要一般不超出300字。论文摘要不要列举例证，不讲研究过程，不用图表，也不要做自我评价。

撰写论文摘要注意事项：

（1）不能照搬论文正文中的小标题（目录）或论文结论部分的文字；

（2）内容需要浓缩、概括，说明全文要点，文字篇幅不宜过长；

（3）不能加进作者的主观见解、解释或评论；

（4）着重反映新内容和作者特别强调的观点；

（5）要排除本学科领域常识性内容；

（6）不得简单重复题名中已有的信息；

（7）文摘中不能出现引用文献、公式、化学结构式、反应式；

（8）动物学名应注中文名，专业缩略语、略称、代号，在首次出现处须加以说明。

中文科技论文一般要求中英文摘要，以便加快科技成果的国际化传播。因此，英文摘要的撰写也是非常重要的，它不仅仅是中文摘要的翻译，更应独立成文，仅阅读此摘要就能理解全文的主要内容。英文摘要撰写主要是注意英文句子的完整性、清晰度和简洁性。用简单句。为避免单调，改变句子的长度和句子的结构。

7.7.3 关键词

关键词是为了文献标引工作，从论文中选取出来，用以表示全文主要内容信息款目的单词或术语。一篇论文可依次列出 3—5 个与本论文内容关系最紧密的关键词，各关键词的顺序按与本论文内容紧密的程度排列。关键词要和野外实习论文的题目有直接的联系，关键词可以不是题目中出现的词。关键词应另行列于内容提要之后。

关键词或主题词的一般选择方法是：由作者在完成论文写作后，纵观全文，选出能表示论文主要内容的信息或词汇，这些信息或词汇，可以从论文标题中选，也可以从论文内容中选。

7.7.4 引言

引言又称前言或绪论，属于整篇论文的引论部分，是论文整体的有机组成部分，它的作用是向读者初步介绍文章内容，它阐述了作者野外实习论文研究的意图、动机、目的，理论依据和实验基础，指出了解决的问题，预期的结果及其在相关领域里的地位、作用和意义，以引起读者的兴趣，诱发阅读欲望，为进一步阅读全文奠定思想基础。

引言的文字不可冗长，内容选择不必过于分散、琐碎，措辞要精练，要吸引读者读下去。引言的篇幅大小，并无硬性的统一规定，需视整篇论文篇幅的大小及论文内容的需要来确定，长的可达 700—800 字或 1000 字左右，短的可不到 200 字。

论文引言部分是一篇论文的最重要部分，人们一般都是从绪论看出你的思路是否具有条理性，选题是否具有意义，以及你是否有创新。能否写好引言反映的是一个人的概括能力、逻辑思维

72

能力，以及你对问题认识的深度。如果绪论写不好，整个文章的结构就是混乱的。引言包括提出问题、研究背景介绍、研究进展介绍、研究目的与意义等内容。

首先，引言里面重要的内容就是提出研究问题。研究问题的提出，实际上是破题一环，即你提出了什么样的问题（命题）及你为什么提出该问题，或者说研究该问题有什么意义。要回答这个问题就得从问题产生的背景说起。问题产生的背景，就是说该问题已经表现出来了，是一个迫切需要解决的问题。这就得从问题产生的征兆说起，及其所造成的一系列不良后果谈起，这就是要烘托你的研究问题的重要性。这个背景也使得别人感受到你的研究问题是个真实的、现实存在的问题，而不是一个假想的问题。甚至可以说这个问题是你有深刻感受和体验的问题，而不是别人的问题。

其次就是要谈研究该问题所具有的理论意义和实践意义。理论意义是指对什么样的理论有丰富或推进作用，实践意义就是对实际状况的改善会起到什么样的作用。谈理论意义不可以谈得非常空洞，好像是八股文，别人都有这一项，你好像必须有，但你又不知道作用在哪里，这样就会把理论意义谈得不着边际。实践意义同样如此，如果你不知道该问题在实践中会造成多大的影响，那么你所谈的实践意义也可能是空的。这些论述的依据就是你对研究进展的把握。需要掌握其他研究者对该问题的研究状况，哪些你认为是可以作为你研究的基础的，哪些你认为是成为问题的，从而成为你研究的重心的。对研究进展进行综述总结，一是为了继承，二是为了发展。所谓发展，就是要将没有解决的问题作为你的问题进行解决，说明该研究是有一定学术价值的，或者是有一定应用价值的。

最后就要谈研究该问题有哪些有利条件，如实习场地、仪器设备。这些都是有利条件，与问题产生的背景不是一个概念。问题的背景，是你对问题的深刻体会和独到认识，当然这些体会和认识与该研究领域大环境是有关系的，但不是一个意思。有些问题虽然没有解决，但是可能受实验条件或科技发展水平限制，可能就不能进行研究。而当前有利的条件使这项研究成为可能。

7.7.5 研究地点、对象和方法

研究地点主要描述进行课题研究的地点，例如，山脉、河流或者行政区，需要对研究地点的行政区划隶属关系进行介绍，辅以地理经纬度位置。对于部分受地理环境影响较大的课题研究，还需要附上研究地点的位置分布图，或者取样位置图。野外实习常受生态因子的影响较大，因此需要对研究地点的地形地貌、海拔高度、土地利用、植被类型、土壤类型、气候因子（温度、降水、积温、风速风向）、人为干扰因子（主要人类活动类型和强度）等做较为详细的介绍。论文中研究地点的介绍详略与否，还与研究题目有关。例如，研究主题为"小龙门林场夏季鸟类群落特征"，则需要详细介绍该林场各种生态因子的空间分布特征。

研究方法。本部分主要针对你设定的科学问题，阐释你所采取的论证方法，需要采取的测试、实验、统计、现场调查的方法。具体来说，这些调查方法包括社会经济调查法、问卷调查法、观察法、控制科学实验法、文献研究法、定性统计分析法、定量统计分析法、模拟法（模型方法）、信息研究方法、经验总结法、模糊数学分析方法、系统科学方法等。

7.7.6 研究结果与分析

"研究结果与分析"这一节是论文的关键部分，全文的一切结论由此得出，一切结论由此引发，一切推理由此导出，这部分需要列出实验数据和观察所得，并对实验误差加以分析和讨论。要

注意科学地、准确地表达必要的实验结果，删除不必要的部分。实验数据或结果，通常用表格、图片及照片等予以表达。

写得好的"分析"具有以下几个主要特征：（1）要设法提出"结果"一节中证明的原理、相互关系以及归纳性的解释，但只对"结果"进行论述，而不是重述；（2）要能指出你的结果和解释和以前发表的著作相一致或不一致的地方；（3）要论述你的研究工作的理论含义以及实际应用的各种可能性；（4）要能指出任何的例外情况或相互关系中有问题的地方，并且要明确提出尚未解决的问题及解决的方向。

7.7.7　结论与讨论

论文的结论部分，应反映论文中通过实验、观察研究并经过理论分析后得到的学术见解。结论应是该论文最终的、总体性的结论。换句话说，结论应是全篇论文的结局，而不是某一局部问题或某一分支问题的结论，也不是对正文中各段小结的简单重复，结论应当体现作者更深层次的认识，是从全篇论文的全部材料出发，经过推理、判断、归纳等逻辑分析过程而得到的新的学术总观念、总见解。

结论应完整、明确、精练。该部分的写作内容一般应包括：（1）本文研究结果说明了什么问题；（2）对前人有关的看法做了哪些修正、补充、发展、证实或否定；（3）本文研究的不足之处或遗留未解决的问题，以及对解决这些问题的可能的关键点和方向。

"结论"部分的写作要求是：措辞严谨，逻辑严密，文字具体，常像法律条文一样，按顺序1、2、3……列成条文，用语斩钉截铁，且只能做一种解释，不能模棱两可、含糊其辞。文字上也不应夸大，对尚不能完全肯定的内容注意留有余地。

附　录

北红尾鸲和大山雀育雏
频率的比较研究

摘要　鸟类的育雏行为是鸟类繁殖行为的重要表现形式。本文通过对北红尾鸲和大山雀育雏频率的观察，比较研究了两种鸟类的喂食策略。结果表明：北红尾鸲的育雏频率高于大山雀，北红尾鸲的雌雄亲鸟在一天中分别负责半天，而大山雀的雌雄亲鸟则是分次交替喂食。两个物种表现出双亲分工方式上的差异。以上结果可能与两个物种的窝卵数以及所处环境特征有关。

关键词：北红尾鸲　大山雀　育雏频率

1. 引言

鸟类的育雏行为是双亲行为的重要表现形式，属鸟类的本能行为。对于晚成鸟，亲鸟通常在幼鸟出壳后开始喂食幼鸟，该行为称为育雏行为（郑光美，1995）。亲鸟喂食的策略受幼鸟发育阶段、幼鸟食量、食物的可获得性等因素影响。不同的物种由于体型、消化能力、食性等方面的差异，在进化过程中可形成物种特有的喂食策略（郑光美，1995）。喂食频率是反应物种喂食策略的重要指标，通过比较不同鸟类物种喂食频率的差异，有助于了解物种的喂食策略特征。本文通过对小龙门国家森林公园两种雀形目鸟类北红尾鸲（Phoenicurus auroreus）和大山雀（Parus major）喂食行为的观察，比较了两个物种喂食频率的差异。

2. 研究方法

以两个可供观察的人工鸟巢为研究对象，一个是位于居民区附近的电线杆上的大山雀人工鸟巢，另一个是位于南沟的北红尾鸲鸟巢。在两个物种的育雏期做全日观察，记录每天从何时开始喂雏，何时结束。记录观察日期、地点、一天中雌雄喂食次数。以一个小时为间隔单位从 7 点至 19 点使用双筒望远镜进行全天观察，共观察 3 天。观察期间选择隐蔽位置，避免人为干扰。

3. 结果与讨论

在育雏频率方面，北红尾鸲高于大山雀。两物种的喂食的时间曲线变化呈现了双峰型，峰值位于 8 点左右和 15 点左右，然而二者的峰值差异很大，从图 1 可知，北红尾鸲的峰值为 15 和 11，而大山雀分别为 2 和 4，这样的差异可能与两个物种的窝幼鸟数有关，北红尾鸲有 5 只幼鸟，而大山雀只有 4 只。从喂食持续性看，北红尾鸲能够持续性地给幼雏喂食，从 7 点至 18 点，北红尾鸲始终保持每隔 1 小时就给幼鸟喂食一次，然而大山雀在 9—10 点、12—13 点、17—18 点时期没有对幼鸟进行喂食。

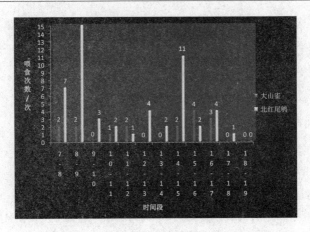

图 1　两种鸟类不同时间段喂食次数

从分工而言，北红尾鸲在上午主要靠雌鸟喂食，下午靠雄鸟喂食。但是，大山雀雌雄交替分工进行，有时雌鸟或者雄鸟单独出现，有时雌雄鸟同时出现共同喂食（图 2）。在前者的情况下，通常亲鸟会先在鸟巢旁观察是否有危险，之后才进入鸟巢喂食；在后者的情况下，雄鸟负责观望周围，雌鸟进行喂食。两个物种的雌雄分工差异体现了物种在进化过程中不同的双亲行为策略方式，其适应性还有待深入研究。

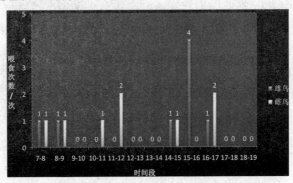

图 2　大山雀雌雄分工喂食比较

参考文献

郑光美. 鸟类学. 北京：北京师范大学出版社，1995.